GRUPOS FOCAIS

AUTORES

Uwe Flick (coord.)
Professor de Pesquisa Qualitativa na Alice Salomon University of Applied Sciences, Berlim.

Rosaline Barbour
Professora na Public Health and Primary Care University of Dundee.

B239g   Barbour, Rosaline.
          Grupos focais / Rosaline Barbour ; tradução Marcelo Figueiredo Duarte ; consultoria, supervisão e revisão técnica desta edição Leandro Miletto Tonetto. – Porto Alegre : Artmed, 2009.
          216 p. ; 23 cm. – (Coleção Pesquisa qualitativa / coordenada por Uwe Flick)

          ISBN 978-85-363-2054-0

          1. Pesquisa científica. 2. Grupo focal. I. Título. II. Série.

CDU 001.891

Catalogação na publicação: Renata de Souza Borges CRB-10/1922

COLEÇÃO PESQUISA QUALITATIVA
coordenada por **Uwe Flick**

GRUPOS FOCAIS

Rosaline Barbour

Tradução
Marcelo Figueiredo Duarte

Consultoria, supervisão e revisão técnica desta edição
Leandro Miletto Tonetto
*Doutor em Psicologia pela Pontifícia Universidade Católica do Rio Grande do Sul.
Professor Adjunto na Escola Superior de Propaganda e Marketing (ESPM-RS).*

2009

Obra originalmente publicada sob título *Doing Focus Group*
ISBN 978-0-7619-4978-7
English language edition published by SAGE Publications of London, thousand Oaks, New Delhi and Singapore

© Rosaline Barbour, 2008
© Portuguese language translation by Artmed Editora S.A., 2009

Capa:
Paola Manica

Preparação de originais:
Lia Gabriele Regius dos Reis

Leitura final:
Cristine Henderson Severo

Supervisão editorial:
Carla Rosa Araujo

Projeto e editoração:
Santo Expedito Produção e Artefinal

Finalização:
Armazém Digital® Editoração Eletrônica – Roberto Carlos Moreira Vieira

Reservados todos os direitos de publicação, em língua portuguesa, à
ARTMED® EDITORA S.A.
Av. Jerônimo de Ornelas, 670 - Santana
90040-340 Porto Alegre RS
Fone (51) 3027-7000 Fax (51) 3027-7070

É proibida a duplicação ou reprodução deste volume, no todo ou em parte, sob quaisquer formas ou por quaisquer meios (eletrônico, mecânico, gravação, fotocópia, distribuição na Web e outros), sem permissão expressa da Editora.

SÃO PAULO
Av. Angélica, 1091 - Higienópolis
01227-100 São Paulo SP
Fone (11) 3665-1100 Fax (11) 3667-1333

SAC 0800 703-3444

IMPRESSO NO BRASIL
PRINTED IN BRAZIL
Impresso sob demanda na Meta Brasil a pedido de Grupo A Educação.

Para Mike e Alasdair

AGRADECIMENTOS

Estou em dívida com os participantes da minha oficina, estudantes de doutorado e colegas que me ensinaram tanto do que eu sei sobre fazer pesquisas com grupos focais.

SUMÁRIO

Introdução à *Coleção Pesquisa Qualitativa* (Uwe Flick) 11
Sobre este livro (Uwe Flick) 17

1. Introdução a grupos focais 19
2. Usos e abusos dos grupos focais 37
3. Fundamentos da pesquisa com grupos focais 53
4. Projeto de pesquisa 67
5. Amostragem 85
6. Questões práticas de planejamento e execução
   de grupos focais 103
7. Ética e comprometimento 123
8. Produção de dados 135
9. Compreendendo os dados do grupo focal 149
10. Desafios analíticos na pesquisa com grupos focais 165
11. Desenvolvimento de grupos focais 183

Glossário 195
Referências 199
Índice 213

INTRODUÇÃO À *COLEÇÃO PESQUISA QUALITATIVA*

Uwe Flick

Nos últimos anos, a pesquisa qualitativa tem vivido um período de crescimento e diversificação inéditos ao se tornar uma proposta de pesquisa consolidada e respeitada em diversas disciplinas e contextos. Um número cada vez maior de estudantes, professores e profissionais se depara com perguntas e problemas relacionados a como fazer pesquisa qualitativa, seja em termos gerais, seja para seus propósitos individuais específicos. Responder a essas perguntas e tratar desses problemas práticos de maneira concreta são os propósitos centrais da *Coleção Pesquisa Qualitativa*.

Os livros da *Coleção Pesquisa Qualitativa* tratam das principais questões que surgem quando fazemos pesquisa qualitativa. Cada livro aborda métodos fundamentais (como grupos focais) ou materiais fundamentais (como dados visuais) usados para estudar o mundo social em termos qualitativos. Mais além, os livros incluídos na *Coleção* foram redigidos tendo em mente as necessidades dos diferentes tipos de leitores, de forma que a *Coleção* como um todo e cada livro em si serão úteis para uma ampla gama de usuários:

- *Profissionais* da pesquisa qualitativa nos estudos das ciências sociais, na pesquisa médica, na pesquisa de mercado, na avaliação, nas questões organizacionais, na administração de empresas, na ciência cognitiva, etc., que enfrentam o problema de planejar e realizar um determinado estudo usando métodos qualitativos.
- *Professores universitários* que trabalham com métodos qualitativos poderão usar esta série como base para suas aulas.
- *Estudantes de graduação e pós-graduação* em ciências sociais, enfermagem, educação, psicologia e outros campos em que os métodos qualitativos são uma parte (principal) da formação universitária, incluindo aplicações práticas (por exemplo, para escrever uma tese).

Cada livro da *Coleção Pesquisa Qualitativa* foi escrito por um autor destacado, com ampla experiência em seu campo e com prática nos métodos sobre os quais escreve. Ao ler a *Coleção* completa de livros, do início ao fim, você encontrará, repetidamente, algumas questões centrais a qualquer tipo de pesquisa qualitativa, como ética, desenho de pesquisa ou avaliação de qualidade. Entretanto, em cada livro, essas questões são tratadas do ponto de vista metodológico específico dos autores e das abordagens que descrevem. Portanto, você poderá encontrar diferentes enfoques às questões de qualidade ou sugestões diferenciadas de como analisar dados qualitativos nos diferentes livros, que se combinarão para apresentar um quadro abrangente do campo como um todo.

O QUE É A PESQUISA QUALITATIVA?

É cada vez mais difícil encontrar uma definição comum de pesquisa qualitativa que seja aceita pela maioria das abordagens e dos pesquisadores do campo. A pesquisa qualitativa não é mais apenas a "pesquisa *não* quantitativa", tendo desenvolvido uma identidade própria (ou, talvez, várias identidades).

Apesar dos muitos enfoques existentes à pesquisa qualitativa, é possível identificar algumas características comuns. Esse tipo de pesquisa visa a abordar o mundo "lá fora" (e não em contextos especializados de pesquisa, como os laboratórios) e entender, descrever e, às vezes, explicar os fenômenos sociais "de dentro" de diversas maneiras diferentes:

- Analisando experiências de indivíduos ou grupos. As experiências podem estar relacionadas a histórias biográficas ou a práticas (cotidianas ou profissionais), e podem ser tratadas analisando-se conhecimento, relatos e histórias do dia a dia.
- Examinando interações e comunicações que estejam se desenvolvendo. Isso pode ser baseado na observação e no registro de práticas de interação e comunicação, bem como na análise desse material.
- Investigando documentos (textos, imagens, filmes ou música) ou traços semelhantes de experiências ou interações.

Essas abordagens têm em comum o fato de buscarem esmiuçar a forma como as pessoas constroem o mundo à sua volta, o que estão fazendo ou o que está lhes acontecendo em termos que tenham sentido e que ofereçam uma visão rica. As interações e os documentos são considerados como formas de constituir, de forma conjunta (ou conflituosa), processos e artefatos sociais. Todas essas abordagens representam formas de sentido, as quais podem ser reconstruídas e analisadas com diferentes métodos qualitativos que permitam ao pesquisador desenvolver modelos, tipologias, teorias (mais ou menos generalizáveis) como formas de descrever e explicar as questões sociais (e psicológicas).

☑ POR QUE SE FAZ PESQUISA QUALITATIVA?

Levando-se em conta que existem diferentes enfoques teóricos, epistemológicos e metodológicos, e que as questões estudadas também são muito diferentes, é possível identificar formas comuns de fazer pesquisa qualitativa? Podem-se, pelo menos, identificar algumas características comuns na forma como ela é feita.

- Os pesquisadores qualitativos estão interessados em ter acesso a experiências, interações e documentos em seu contexto natural, e de uma forma que dê espaço às suas particularidades e aos materiais nos quais são estudados.
- A pesquisa qualitativa se abstém de estabelecer um conceito bem definido daquilo que se estuda e de formular hipóteses no início para depois testá-las. Em vez disso, os conceitos (ou as hipóteses, se forem usadas) são desenvolvidos e refinados no processo de pesquisa.
- A pesquisa qualitativa parte da ideia de que os métodos e a teoria devem ser adequados àquilo que se estuda. Se os métodos existentes não se ajustam a uma determinada questão ou a um campo concreto, eles serão adaptados ou novos métodos e novas abordagens serão desenvolvidos.
- Os pesquisadores, em si, são uma parte importante do processo de pesquisa, seja em termos de sua própria presença pessoal na condição de pesquisadores, seja em termos de suas experiências no campo e com a capacidade de reflexão que trazem ao todo, como membros do campo que se está estudando.
- A pesquisa qualitativa leva a sério o contexto e os casos para entender uma questão em estudo. Uma grande quantidade de pesquisa qualitativa se baseia em estudos de caso ou em séries desses estudos, e, com frequência, o caso (sua história e complexidade) é importante para entender o que está sendo estudado.
- Uma parte importante da pesquisa qualitativa está baseada em texto e na escrita, desde notas de campo e transcrições até descrições e interpretações, e, finalmente, à interpretação dos resultados e da pesquisa como um todo. Sendo assim, as questões relativas à transformação de situações sociais complexas (ou outros materiais, como imagens) em textos, ou seja, de transcrever e escrever em geral, preocupações centrais da pesquisa qualitativa.

- Mesmo que os métodos tenham de ser adequados ao que está em estudo, as abordagens de definição e avaliação da qualidade da pesquisa qualitativa (ainda) devem ser discutidas de formas específicas, adequadas à pesquisa qualitativa e à abordagem específica dentro dela.

A ABRANGÊNCIA DA *COLEÇÃO PESQUISA QUALITATIVA*

O livro *Desenho da pesquisa qualitativa* (Uwe Flick) apresenta uma breve introdução à pesquisa qualitativa do ponto de vista de como desenhar e planejar um estudo concreto usando esse tipo de pesquisa de uma forma ou de outra. Visa a estabelecer uma estrutura para os outros livros da *Coleção*, enfocando problemas práticos e como resolvê-los no processo de pesquisa. O livro trata de questões de construção de desenho na pesquisa qualitativa, aponta as dificuldades encontradas para fazer com que um projeto de pesquisa funcione e discute problemas práticos, como os recursos na pesquisa qualitativa, e questões mais metodológicas, como a qualidade e a ética em pesquisa qualitativa.

Dois livros são dedicados à coleta e à produção de dados na pesquisa qualitativa. *Etnografia e observação participante* (Michael Angrosino) é dedicado ao enfoque relacionado à coleta e à produção de dados qualitativos. Neste caso, as questões práticas (escolha de lugares, de métodos de coleta de dados na etnografia, problemas especiais em sua análise) são discutidas no contexto de questões mais gerais (ética, representações, qualidade e adequação da etnografia como abordagem). Em *Grupos focais*, Rosaline Barbour apresenta um dos mais importantes métodos de produção de dados qualitativos. Mais uma vez, encontramos um foco intenso nas questões práticas de amostragem, desenho e análise de dados, e em como produzi-los em grupos focais.

Dois outros livros são dedicados a analisar tipos específicos de dados qualitativos. *Dados visuais para pesquisa qualitativa* (Marcus Banks) amplia o foco para o terceiro tipo de dado qualitativo (para além dos dados verbais originários de entrevistas e grupos focais e de dados de observação). O uso de dados visuais não apenas se tornou uma tendência importante na pesquisa social em geral, mas também coloca os pesquisadores diante de novos problemas práticos em seu uso e em sua análise, produzindo novas questões éticas. Em *Análise de dados qualitativos* (Graham Gibbs), examinam-se várias abordagens e questões práticas relacionadas ao entendimento dos dados qualitativos. Presta-se atenção especial às práticas de codificação, à comparação e ao uso da análise informatizada de dados qualitativos. Nesse caso, o foco está nos dados verbais, como entrevistas, grupos focais ou biografias. Questões práticas como gerar um arquivo, transcrever vídeos e analisar discursos com esse tipo de dados são abordados nesse livro.

Qualidade na pesquisa qualitativa (Uwe Flick) trata da questão da qualidade dentro da pesquisa qualitativa. Nesse livro, a qualidade é examinada a partir do uso ou da reformulação de critérios existentes para a pesquisa qualitativa, ou da formulação de novos critérios. Esse livro examina os debates em andamento sobre o que deve ser definido como "qualidade" e validade em metodologias qualitativas, e analisa as muitas estratégias para promover e administrar a qualidade na pesquisa qualitativa. Presta-se atenção especial à estratégia de triangulação na pesquisa qualitativa e ao uso desse tipo de pesquisa no contexto da promoção da qualidade.

Antes de continuar a descrever o foco deste livro e seu papel dentro da *Coleção*, gostaria de agradecer a algumas pessoas, que foram importantes para fazer com que essa *Coleção* se concretizasse. Michael Carmichael me propôs este projeto há algum tempo e ajudou muito no início, fazendo sugestões. Patrick Brindle assumiu e deu continuidade a esse apoio, assim como Vanessa Harwood e Jeremy Toynbee, que fizeram livros a partir dos materiais que entregamos.

SOBRE ESTE LIVRO

Uwe Flick

O uso de grupos focais se tornou uma importante abordagem nas pesquisas qualitativas em diferentes áreas, de pesquisas de mercado a pesquisas sobre saúde. Nessas áreas, encontramos formas mais pragmáticas e mais sistemáticas de usar esse método para a coleta de dados. Geralmente os grupos focais são usados como um método único, mas em muitos casos eles são integrados em um modelo de múltiplos métodos com outros métodos qualitativos e, às vezes, com métodos quantitativos. Eles também são vistos como boas alternativas para a utilização apenas de entrevistas como base de dados da análise qualitativa. A vantagem aqui é que eles não somente permitem análises de declarações e relatos sobre experiências e eventos, mas também do contexto interacional em que essas declarações e esses relatos são produzidos. Esse método acompanha demandas práticas e metodológicas específicas para a documentação e análise dos dados.

Este livro examina os problemas mais importantes da utilização desse método. Questões práticas de amostragem, de documentação e de moderação em grupos focais são abordadas, assim como reflexões mais gerais sobre ética e sobre o uso adequado ou inadequado dos grupos focais como um método. Também são discutidos problemas especiais para tornar compreensíveis os dados de grupos focais, acessar suas qualidades e as de suas análises. Após a leitura deste livro, você não somente deverá saber mais sobre como fazer um grupo focal, mas também por que e quando utilizar esse método.

Portanto, no contexto da *Coleção Pesquisa Qualitativa*, este livro complementa *Etnografia e observação participante*, de Angrosino (2007), delineando uma das principais formas de coleta de dados em pesquisa qualitativa. *Grupos focais* aborda os problemas específicos a respeito da pesquisa com grupos, enquanto os outros provêm a conjuntura mais geral em discutir os problemas menos específicos das pesquisas qualitativas. Você encontrará aqui sugestões adicionais sobre como obter amostragem em uma pesquisa de grupos focais e o que isso significa para a comparação, os achados e a generalização, assim como quais são as implicações éticas nesse contexto.

INTRODUÇÃO A GRUPOS FOCAIS

Objetivos do capítulo
Após a leitura deste capítulo, você deverá:

- ter uma definição de grupos focais;
- compreender o plano do livro;
- conhecer os antecedentes históricos do uso atual dos grupos focais;
- descobrir as afirmações que são feitas sobre focos.

Ainda que este livro pretenda incentivar o uso criativo e inteligente dos grupos focais em pesquisa, sempre existe o risco de acabar contribuindo, em vez disso, para as "meias-verdades pedagógicas" (Atkinson, 1997) que continuam a contaminar o duplo esforço da prática de pesquisa empírica e do treinamento em pesquisa. O conselho que segue é oferecido no contexto que entende a pesquisa qualitativa como uma "habilidade de ofício" (Seale,

1999) e que reconhece que o que funciona para um expoente de grupos focais pode não funcionar para outro - talvez devido às suas próprias características (gênero, idade, etnicidade) predisposições disciplinares (que dependem de seus treinamentos originais e aprendizagens teóricas) ou abordagens conceituais (isto é, como os indivíduos aprendem, teorizam e raciocinam). Da mesma forma, abordagens desenvolvidas para lidar com os requisitos de um projeto de pesquisa específico podem não ser bem convertidas para outro, em que os dados estiverem sendo produzidos com outro propósito ou que esteja vinculado a outro grupo de pessoas. Ainda assim, praticamente da mesma forma que a própria pesquisa qualitativa depende da habilidade do pesquisador de traçar paralelos instrutivos, este volume espera apresentar e refletir minha própria experiência e a de outros com o uso de grupos focais para pesquisa, na esperança de que o leitor possa colher alguma orientação e sugestão que lhe auxilie no desenvolvimento de suas próprias práticas refletivas e reflexivas com grupos focais. Por meio da contextualização das questões e da ilustração dos dilemas relativos a projetos da vida real, ele pretende oferecer soluções em potencial - algumas vezes parciais - e, no mínimo, advertências contra o uso de "soluções instantâneas".

Assim como os grupos focais, como uma ferramenta de pesquisa, levam a circunstâncias multifacetadas, também os grupos focais, como escolha de pesquisa, levantam debates metodológicos passionais e potencialmente contraditórios. Essas visões conflitantes emergem a partir dos distintos pressupostos e contextos disciplinares dos pesquisadores. A flexibilidade inerente dos grupos focais e seu potencial para o uso em uma grande variedade de contextos têm, entretanto, inevitavelmente, gerado considerável confusão, com tentativas de clarificação que com frequência resultam em conselhos prescritivos.

■ DEFINIÇÃO DE UM GRUPO FOCAL

Isso tem resultado em confusão mesmo no que diz respeito à definição do que constitui um grupo focal, com os termos "entrevista de grupo", "entrevista de grupo focal" e "discussões de grupo focal" às vezes utilizados de forma intercambiável. Um dos textos mais antigos e com mais frequência citado (Frey e Fontana, 1993) usa o termo "entrevistas de grupo", mas descreve uma abordagem mais comumente referida como "discussões de grupo focal". Ele se baseia em gerar e analisar a interação entre participantes, em vez de perguntar a mesma questão (ou lista de questões) para cada integrante do grupo por vez, o que seria a abordagem favorecida pelo que é mais usualmente referido como sendo a "entrevista de grupo". Aparecendo mais frequentemente em grandes publicações e revistas focadas na prática, "entrevista de grupo focal" é um intrigante termo híbrido e sugere, ao menos para mim, que o exercício visa a entrevistar um grupo, que é visto como detendo uma visão consensual, em vez de ser o processo de criar o consenso pela interação em uma "discussão de grupo focal". Como sempre, existe o risco de ser tragado por essas definições conflitantes ao se falar sobre processos de pesquisa muito similares. A definição que eu gostaria de aplicar é geral o bastante para compreender todos os usos referidos anteriormente: "Qualquer discussão de grupo pode ser chamada de um grupo focal, contanto que o pesquisador esteja ativamente atento e encorajando às interações do grupo" (Kitzinger e Barbour, 1999, p. 20).

O estímulo ativo à interação do grupo está relacionado, obviamente, a conduzir a discussão do grupo focal e garantir que os participantes conversem entre si em vez de somente interagir com o pesquisador ou "moderador". Entretanto, também se relaciona com a preparação necessária ao desenvolvimento de um guia de tópicos (roteiro) e a seleção de materiais de estímulo que incentiva a interação, assim como as decisões feitas em relação à composição do grupo, para garantir que os participantes tenham o suficiente em comum entre si, de modo que a discussão pareça apropriada, mas que apresentem experiências ou perspectivas variadas o bastante para que ocorra algum debate ou diferença de opinião. Da mesma forma, ainda que a atenção à interação grupal se refira ao processo de moderar discussões, com o pesquisador se atendo às diferenças em perspectivas ou ênfases dos participantes e explorando-as, também está associada à importância de observar as interações do grupo: as dinâmicas do grupo e as atividades nas quais ele se engaja – seja formando um consenso, desenvolvendo uma estrutura explicativa, interpretando mensagens de promoção à saúde, seja pesando prioridades competidoras. Capítulos posteriores deste livro apresentarão considerações sobre todos esses aspectos de projetar uma pesquisa, conduzir grupos focais e analisar os dados gerados.

DELINEAMENTO DO LIVRO

Os capítulos, em linhas gerais, seguem uma orientação linear, considerando as questões do projeto de uma pesquisa, o planejamento e a execução dos grupos focais, a arte da produção de dados, os estágios envolvidos na análise, até a escrita final. Entretanto, deve ser enfatizado que isso não quer dizer que a prática de utilizar grupos focais em pesquisa deva ser vista como consistindo em uma série de estágios; o processo, assim como toda pesquisa qualitativa, é um processo iterativo. Teorizar começa com a formulação de uma questão de pesquisa, e as decisões de amostragem são também informadas teoricamente, antecipando as comparações possíveis.

Interpretações e análises preliminares começam mesmo enquanto os dados estão sendo gerados, e análise e escrita progridem lado a lado.

Os primeiros três capítulos contextualizam a pesquisa com grupos focais. O Capítulo 1 traça os antecedentes históricos do método e ressalta vários modelos separados, mas potencialmente contraditórios. Ele dá o tom ao prover uma breve história do desenvolvimento da pesquisa com grupos focais, observando o legado das várias tradições de pesquisa envolvidas. O Capítulo 2 examina criticamente os usos e abusos dos grupos focais, incluindo sua utilização tanto em contextos de métodos mistos como em estudos apenas com grupos focais. Esse capítulo salienta tanto as expectativas inapropriadas de alguns expoentes dos grupos focais quanto os pontos fortes particulares dessa metodologia. O Capítulo 3 trata das muitas vezes desconsideradas questões dos fundamentos da abordagem com grupos focais e de seu lugar na tradição de pesquisa qualitativa.

A seção intermediária do livro lida com o planejamento e o estabelecimento de um estudo com grupos focais. O projeto de uma pesquisa é o assunto do Capítulo 4, que avalia a decisão de utilizar entrevistas individuais ou grupos focais, além dos potenciais e desafios de se usar grupos focais em estudos de método misto. Ele então discute as particularidades concernentes à seleção de um ambiente de pesquisa, um grupo e moderador compatíveis e o recrutamento de participantes. Amostragem efetiva é a chave para o sucesso de grupos focais e para determinar seu potencial comparativo, sendo que o Capítulo 5 é dedicado a esse tópico. Ele considera a composição do grupo, o número e tamanho dos grupos, o quadro amostral, a amostragem de segundo estágio e o potencial para comparação. Exemplos são fornecidos a partir de estudos anteriores e atuais, e o papel da serendipidade também é reconhecido. As vantagens e desvantagens de se usar grupos preexistentes são debatidas, assim como as questões éticas envolvidas em tomar e operacionalizar decisões de amostragem. No Capítulo 6, recomendações são apresentadas a respeito do estabelecimento de uma sala para as discussões de grupos focais, incluindo a administração de dinâmicas de grupo potencialmente problemáticas, o desenvolvimento de guias de tópicos (roteiros) efetivos e a seleção de materiais de estímulo apropriados.

Ainda que as problemáticas éticas estejam inextricavelmente ligadas a questões práticas ao longo do processo de pesquisa, esse tópico merece uma atenção especial, e o Capítulo 7 discorre sobre ética e envolvimento. Ele detalha as reciprocidades envolvidas no empreendimento de pesquisa, o impacto da participação e a importância de esclarecimentos finais. Atenção particular é dada às questões relacionadas ao envolvimento com grupos vulneráveis, incluindo crianças, idosos e deficientes, além dos desafios de realizar pesquisas transculturais.

Servindo-se de um banco de dados cumulativo, gerado por uma série de oficinas com grupos focais nos últimos dez anos, o capítulo seguinte convida o leitor a tentar gerar alguns dados e a tentar produzir e refinar uma codificação de categorias provisória. O Capítulo 8 dá uma prova do tipo de interação ou dados que os grupos focais proporcionam. Ele demonstra como as pessoas podem reformular seus pontos de vista e debater tópicos. Exemplos de grupos focais ocorridos em oficinas e provenientes de estudos recentes são apresentados para demonstrar a capacidade dos grupos focais de acessar paradigmas culturais. O capítulo também fornece pistas mais detalhadas para o moderador no que diz respeito a buscar esclarecimentos, manter o foco ou guiar a discussão, além de captar as pistas. Também ressalta a importância de se pensar comparativamente e de antecipar a análise, mesmo enquanto os dados estiverem sendo gerados. O Capítulo 9 começa a tratar do processo de análise dos dados, providenciando uma oportunidade para desenvolver e refinar uma codificação de categorias profissional. Alguns exemplos de codificações de categorias advindos de sessões de oficinas são apresentados, junto com sugestões de como garantir que as percepções dos participantes sejam refletidas nas referências e como aproveitar as distinções para produzir uma codificação de categorias mais rica e analiticamente informada. O Capítulo 10 aborda os desafios reflexivos da análise, incluindo a questão de se utilizar interação e dinâmicas de grupo para proveito da análise. O pesquisador que usa grupos focais é encorajado a sistematicamente fazer tanto comparações inter como intragrupo. Novamente, esses processos são ilustrados por exemplos advindos de oficinas de grupos focais e discussões ocorridas no contexto de estudos específicos financiados. Ele considera como coletar os *insights* dos participantes dos grupos focais e discute o potencial destes como "comoderadores/analistas". A importância de identificar e interrogar similaridades entre grupos é também enfatizada, assim como o uso de conjunturas pessoais e profissionais como recursos para a análise.

O Capítulo 11 propõe-se a alcançar o potencial pleno dos grupos focais. Inicia listando suas limitações e possibilidades e seus potenciais para ir além do puramente descritivo no intuito de produzir considerações teorizadas. Pontos importantes envolvendo a apresentação de achados dos grupos focais são delineados, e a transferibilidade dos achados é discutida. Finalmente, o potencial para novos desenvolvimentos é explorado – em particular, as possibilidades proporcionadas pela Internet.

ANTECEDENTES HISTÓRICOS

Este primeiro capítulo localiza as origens e a ascensão desse método, a partir do trabalho relacionado a emissão de mensagens, pesquisas de *mar-*

keting e relações públicas para depois passar a considerar a contribuição da pesquisa e o desenvolvimento organizacional. Este capítulo traz exemplos de muitas formas pelas quais os grupos focais têm sido usados em um leque de disciplinas e tópicos de pesquisa. Os grupos focais estão evoluindo continuamente e, com algumas modificações nas partes componentes dos guias de tópicos (roteiros), nos materiais de estímulo, nos conteúdos das questões, no estilo dos moderadores e na natureza do envolvimento dos participantes, poderão ser utilizados efetivamente para abordar uma lista quase infinita de tópicos de pesquisa substanciais. De forma estimulante, mas talvez confusa para o pesquisador iniciante, uma quantidade considerável de fertilização cruzada já aconteceu, resultando na impossibilidade de definir-se a "pura" pesquisa com grupos focais. Desenvolvimento comunitário e abordagens participativas têm influenciado o uso de grupos focais em outros contextos e têm alimentado importantes debates sobre a relação entre o pesquisador e o pesquisado e os usos recentes para os achados dos grupos focais. Nesse meio tempo, algumas afirmações extravagantes foram feitas sobre até onde os grupos focais podem capacitar as pessoas e prover dados mais autênticos – todas as quais devendo ser criticamente examinadas. Não é nenhuma surpresa que as várias disciplinas que acolheram os grupos focais tenham colocado suas próprias características no método, e isso pode consideravelmente limitar a utilidade dos frequentes direcionamentos resultantes específicos a certos contextos.

Ainda que a expressão "grupos focais" agora seja um termo corriqueiro, devido em grande parte à difusão de seu uso pelas companhias de pesquisa de *marketing* e departamentos governamentais, isso foi, de forma interessante, acompanhado pela crescente confusão na arena da pesquisa acadêmica. Não é incomum deparar-se com pesquisadores, algumas vezes muito experientes em pesquisa qualitativa, que demonstram uma insegurança marcante em relação aos grupos focais, muitas vezes hesitando em afirmar que o que realizaram era, de fato, um "efetivo grupo focal". Essa relutância em adotar o termo deriva, eu diria, tanto da natureza prescritiva de muitos dos textos existentes sobre o uso de grupos focais quanto dos vários modelos conflitantes e tradições de pesquisa, cada uma defendendo o uso de grupos focais de um modo particular, e até mesmo distinto, já que os dados estão sendo, na verdade, gerados para propósitos diferentes.

EMISSÃO DE MENSAGENS, *MARKETING* E RELAÇÕES PÚBLICAS

Grupos focais são geralmente vistos como tendo emergido nos anos de 1940, quando foram inicialmente utilizados por Paul Lazarsfeld, Robert Merton e colegas na Agência de Pesquisa Social Aplicada da Universidade de Colúmbia para testar as reações às propagandas e transmissões de rádio durante a Segunda Guerra Mundial. Referindo-se originalmente ao que denominaram "entrevistas focais" (Merton e Kendall, 1946), e usando esses métodos junto com técnicas quantitativas, a abordagem deles não diferenciava muito as entrevistas individuais das grupais. Entretanto, eles reconheceram que as entrevistas em grupo podem produzir um conjunto mais ampliado de respostas e extrair detalhes adicionais (Merton, 1987).

No período que se seguiu à Segunda Guerra Mundial, métodos de grupos focais se tornaram "pilares da pesquisa com emissão de mensagens, *marketing* e opinião pública" (Kidd e Parshall, 2000), mas foram amplamente negligenciados pela pesquisa e avaliação acadêmica prevalentes. Embora o setor de pesquisa de *marketing* tenha produzido muitos manuais úteis, estes lidam quase exclusivamente com a geração de dados em relação à percepção do público sobre produtos específicos ou campanhas de *marketing*. Pesquisa de *marketing* é um empreendimento focado no cliente e, como tal, envolve pesquisas em recomendações de *marketing* a saber se uma estratégia de *marketing* em particular deveria ser empregada ou se é recomendável o lançamento de um novo produto. Discussões de grupos focais desenvolvidas para esses propósitos frequentemente envolvem o cliente (p. ex., um representante da companhia que contratou os especialistas em pesquisa de *marketing*) observando a interação por trás de um espelho translúcido. Algumas vezes se percebe que não há necessidade de produzir uma transcrição da discussão, e, mesmo se ela for feita, geralmente não é alvo de análise detalhada do tipo que provavelmente seria aplicada pelo pesquisador das ciências sociais. O método mais comum de análise envolve notas tomadas, relatórios dos moderadores e análises baseadas na memória. Ainda que essas abordagens possam ser apropriadas para algumas aplicações limitadas de pesquisa (Krueger, 1994), são claramente insatisfatórias para a pesquisa acadêmica (Bloor et al., 2001; Kidd e Parshall, 2000).

PESQUISA E DESENVOLVIMENTO ORGANIZACIONAIS

Grupos focais também desfrutaram de considerável popularidade dentro da pesquisa do desenvolvimento organizacional, particularmente como praticadas pela equipe do Instituto Tavistok em Londres durante os anos de 1940. Mais uma vez, essa pesquisa era predominantemente focada no cliente, com companhias definindo o problema – por exemplo, realizando as tentativas iniciais de resolver os problemas – e somente então chamando os especialistas para tratar das questões identificadas. Hart e Bond (1995, p. 24) descrevem essa abordagem como permitindo às companhias "trabalharem o conflito por um processo terapêutico fundamentado em pesquisa-ação".

Portanto, com a possível exceção dos pesquisadores financiados de maneira independente da Escola Londrina de Economia (Hart e Bond, 1995), essa abordagem de pesquisa focada na consultoria permaneceu em grande parte reativa, concentrando-se em resolver problemas técnicos e em sugerindo a "ilusão de gerenciabilidade" (Anderson, 1992). Talvez não surpreendentemente, isso não resultou no desenvolvimento de um programa de pesquisa ou refinamentos significativo do método. As metas do setor mercadológico são, inevitavelmente, um tanto diferentes das da pesquisa acadêmica (Keven e Webb, 2001).

Grupos focais também podem ser uma poderosa ferramenta de relações públicas. Festervand (1985) alertou que eles podem ser usados para justificar decisões que já foram feitas, e o pesquisador deve estar atento ao potencial de ser cooptado por poderosos lobistas. A despeito disso, algumas grandes companhias ou agências governamentais buscam genuinamente o comprometimento com seus respectivos constituintes. O Departamento de Segurança dos Estados Unidos, por exemplo, comissionou grupos focais com jovens infratores para obter as perspectivas das crianças e dos adolescentes sob custódia e utilizou os achados para melhor informar sua política e prática (Lyon et al., 2000). Durante a passagem da Lei de Crianças e Adoções, a Fundação Nuffield financiou, de forma independente, uma série de grupos focais com cuidadores de crianças de abrigos para retificar a falta de consulta a esse importante grupo de interessados (Beck e Schofield, 2002).

DESENVOLVIMENTO COMUNITÁRIO E MÉTODOS PARTICIPATIVOS

O desenvolvimento comunitário geralmente busca empregar o tipo de "método de pesquisa dialógico" defendido pelo educador brasileiro Freire (1970). Padilla (1993, p. 158) argumenta que "o papel essencial dos investigadores na pesquisa dialógica é facilitar a produção de conhecimento pelos e para os sujeitos de pesquisa". Métodos participativos também têm sido empregados por pesquisadores de serviços de saúde, particularmente em relação às estimativas das necessidades de saúde, com frequência envolvendo os participantes no desenvolvimento do projeto de pesquisa e até mesmo na análise dos dados (Cawston e Barbour, 2003). Alguns trabalhos com grupos focais têm especificamente buscado dar voz a grupos marginalizados, como mulheres HIV-positivas (Marcenko e Samost, 1999; Morrow et al., 2001).

Ainda que a abordagem com desenvolvimento comunitário tenha trabalhado com e buscado o fortalecimento dos desfavorecidos, não há razão para que os grupos focais não possam ser utilizados para trabalhar com setores mais privilegiados da sociedade (Barbour, 1995). As pesquisas e os desenvolvimentos de projetos têm utilizado uma variedade de métodos de grupos, incluindo "bancas de especialistas" para desenvolver protocolos e orientações consensuais em áreas caracterizadas pela incerteza profissional.

Um bom exemplo disso é provido pelo trabalho de Fardy e Jeffs (1994), que desenvolveram orientações consensuais para lidar com a menopausa nas práticas familiares. Outras variantes populares incluem "grupos nominais", que normalmente envolvem um exercício de classificação usado para acessar as preocupações e prioridades, e "grupos Delphi", que geralmente envolvem uma banca de especialistas respondendo a resultados de pesquisas complementares, na maioria das vezes um levantamento (Kitzinger e Barbour, 1999). Entretanto, como o foco é no desenvolvimento de práticas, muito do trabalho envolvendo "grupos Delphi" provavelmente formará parte da literatura sobre métodos intermediários.

Muitos pesquisadores têm utilizado grupos focais para explorar áreas problemáticas da prática profissional e, apesar de eles não terem explicitamente colocado seus trabalhos dentro da tradição do desenvolvimento comunitário e seus trabalhos também não poderem ser igualmente categorizados sob a designação geral de "pesquisa com serviços de saúde", a ênfase no entendimento das barreiras e o uso dessa informação para instruir a prática profissional certamente envolve uma "guinada nessa direção" (p.ex., Berney et al., 2005; Green e Ruff, 2005; Lliffe e Wilcock, 2005).

PESQUISA COM SERVIÇOS DE SAÚDE E PESQUISA NAS CIÊNCIAS SOCIAIS

Uma das áreas que tem mais entusiasticamente batalhado pelo uso de grupos focais tem sido a pesquisa com serviços de saúde, onde existe uma grande quantidade de estudos com grupos focais que está voltada a fornecer *insights* das experiências de pessoas com uma variedade de doenças crônicas. Essa é uma consequência da habilidade da pesquisa qualitativa de iluminar a experiência subjetiva. Exemplos recentes envolvem o uso de grupos focais para fornecer *insights* da experiência de pessoas com anemia falciforme (Thomas e Taylor, 2001), esclerose múltipla (Nicolson e Anderson, 2001), mulheres com endometriose (Cox et al., 2003) e pacientes com bronquite crônica (Nicolson e Anderson, 2003).

Alguns outros trabalhos com grupos focais realizados sob a ampla categoria de pesquisa com serviços de saúde visam a acessar os pontos de vista para então planejar intervenções apropriadas e efetivas, e os grupos focais são especialmente aptos a informar a evolução de programas de educação sobre saúde (Branco e Kaskutas, 2001; Halloran e Grimes, 1995) e a desenvolver intervenções culturalmente delicadas (Wilcher et al., 2002; Vincent et al., 2006).

Ainda que muito desse trabalho seja claramente desencadeado por problemas clínicos duradouros, como a baixa vazão dos serviços ou a falta de sucesso das iniciativas de promoção de saúde, grupos focais viabilizam uma nova forma de ampliar a base de evidências existente. Um subproduto do envolvimento de profissionais médicos e clínicos na pesquisa com grupos focais tem sido o ponto em que isso tem exigido um trabalho conjunto com pesquisadores qualitativos de outras disciplinas (principalmente sociologia médica, psicologia da saúde e antropologia médica). Mesmo que, em muitos casos, tenha sido o reconhecimento de que essas especialidades metodológicas são necessárias, o que provocou o estabelecimento de times de pesquisa multidisciplinares, essas colaborações também se beneficiaram dos *insights* reveladores produzidos por paradigmas teóricos alternativos à disposição desses novos colegas. Isso certamente reflete minhas próprias experiências no trabalho com clínicos da atenção primária em um estudo sobre as visões e experiências dos clínicos gerais sobre atestagem de doenças (Hussey et al., 2004) e com um clínico geral e um filósofo da ética em um projeto a respeito das concepções dos profissionais sobre testamentos em vida (Thompson et al., 2003a, 2003b). Edwards e colaboradores (1998), outra equipe multidisciplinar, executaram grupos focais com uma variedade de profissionais da atenção primária para estudar como o risco era interpretado e comunicado.

Um exame da lista frequentemente extensa de autores com publicações recentes em pesquisa com serviços de saúde comprova o ativo envolvimento dos cientistas sociais advindos de uma variedade de disciplinas. Entretanto, pesquisas interdisciplinares são notoriamente difíceis, bem como sem dúvida se beneficiam de discussões explícitas nos estágios iniciais do projeto, no que diz respeito ao foco principal e aos resultados potenciais da pesquisa (Barry et al., 1999).

Há também um *corpus* de pesquisa que parte de problemas definidos por profissionais médicos e clínicos, mas cuja finalidade é abertamente sociológica. Crossley (2002, 2003) usou seu estudo de visões e respostas femininas em relação à promoção de saúde para explorar como as mulheres construíram a saúde e os comportamentos relacionados à saúde como um fenômeno moral. Um exemplo mais recente desse tipo de trabalho é o de O'Brien e colaboradores (2005), que usa grupos focais para explorar o papel das construções da masculinidade na explicação do comportamento dos homens de buscar ajuda em relação a tratamentos médicos.

A vasta matriz de estudos com grupos focais em um grande número de revistas de disciplinas baseadas nas ciências sociais apresenta certo desafio no que tange a selecionar estudos específicos para comentar, e os exemplos escolhidos inevitavelmente também refletem meus próprios interesses idiossincráticos, tanto duradouros quanto ocasionais. Todavia, para poder oferecer uma amostra da disseminação de tópicos substanciais abordados pelos sociólogos, criminólogos e psicólogos, concentrei-me em uns poucos estudos que são usados em capítulos posteriores para ilustrar questões particulares. Esses exemplos incluem trabalhos sobre como identidades são formadas e mantidas, tal como um estudo sobre como jovens homens lidam com a masculinidade (Allen, 2005); um sobre perspectivas e experiências femininas da violência (Burman et al., 2001); e uma pesquisa sobre questões do trabalho familiar no ambiente de trabalho (Brannen e Pattman, 2005). Trabalhos mais esotéricos, mas ainda assim intrigantes, que têm utilizado grupos focais incluem um estudo do significado da Princesa Diana para as mulheres (Black e Smith, 1999) e pesquisas sobre a identidade musical de músicos de jazz profissionais no Reino Unido (Macdonald e Wilson, 2005).

Os últimos dois exemplos lembram os dias impulsivos da Escola de Chicago – ou, ao menos, sua segunda leva, depois da Segunda Guerra Mundial, que era baseada em abordagens etnográficas utilizando "interacionismo simbólico" (veja o Capítulo 3). Ainda que seja fácil, é claro, superestimar a quantidade de liberdade acadêmica envolvida, a pesquisa sociológica daquele tempo era realizada em um determinado clima político e acadêmico diferente, com maior potencial, talvez, para que o foco das pesquisas fosse ditado por preocupações teóricas, e que não dependia tanto de financiamento externo expressivo em cada projeto isoladamente. Muito do trabalho inovador envolvendo grupos focais continua a ser feito sem financiamento significativo – por exemplo, Allen (2005), que revisou dados produzidos como parte de um estudo anterior – ou como parte de estudos de doutorado (O'Brien et al., 2005). Evidentemente, é mais fácil captar fundos para trabalhos com grupos focais em algumas disciplinas do que em outras. Será particularmente interessante ver se a disponibilidade de dados *on-line* (como discutido no Capítulo 11) e os custos relativamente baixos envolvidos nutrirão mais pesquisas que tratem de aspectos disciplinares, já que essa facilidade potencialmente liberta o pesquisador de restrições de financiamento, que têm limitado muitas pesquisas de cientistas sociais, especialmente nos últimos tempos.

COMPROMETIMENTO E DEBATE DISCIPLINAR

Aqui será útil analisar os debates sobre o uso de grupos focais dentro de diferentes disciplinas acadêmicas. Cada uma tem usado o método de uma forma ligeiramente diferente, levando em consideração debates e preocupações intradisciplinares e construindo em áreas de especialidade existentes, como o trabalho em grupo dentro do trabalho social (Cohen e Garrett, 1999). Linhorst (2002) também reflete o potencial dos grupos focais para o desenvolvimento de pesquisa com trabalhos sociais. Para uma discussão sobre o uso de grupos focais na psicologia, ver Wilkinson (2003) e, para uma visão geral do uso dos grupos focais na pesquisa em educação, ver Wilson (1997). Outras disciplinas que têm explorado as possibilidades oferecidas pelos grupos focais são a terapia ocupacional (Hollis et al., 2002), pesquisas com ciência da família e do consumo (Garrison et al., 1999), prática comunitária (Harvey-Jordan e Long, 2002) e pesquisa com saúde pediátrica (Heary e Hennessy, 2002).

Os grupos focais têm proporcionado *insights* em uma grande variedade de questões de pesquisa, incluindo perspectivas do público sobre a reciclagem (Hunter, 2001), o sacerdócio para novos membros de congregações episcopais (Scannell, 2003), e o entendimento da tomada de decisão ética sobre investimentos (Lewis, 2001). A pesquisa com grupos focais tem sido publicada no campo dos estudos de negócios para proporcionar percepções sobre as estratégias de sucessão de proprietários de empresas pequenas e médias (Blackburn e Stokes, 2000). Em resumo, qualquer que seja o assunto, as chances são que alguém, em algum lugar, tenha criado um grupo focal sobre isso.

Dependendo de como os grupos já são utilizados em outras disciplinas, cada uma tenderá a lidar com grupos focais de uma forma um tanto diferente, em termos de que tipo de questões de pesquisa são postuladas, o conteúdo dos guias de tópicos (roteiros), o estilo de questionamento do moderador, a abordagem para análise de dados, o modo com que os achados são apresentados e os usos que esses achados terão. Retornando à variedade de possibilidades proporcionada por direcionamentos a partir de muitos contextos em que os grupos focais têm sido empregados, cada uma dessas tradições potencialmente tem algo a oferecer ao pesquisador. Entretanto, a aceitação acrítica dessas orientações dispensadas em diferentes contextos pode servir, apenas para exacerbar algumas das tensões e dos desafios envolvidos.

USO DE ORIENTAÇÕES

Textos de *marketing* proporcionam pistas úteis sobre o estímulo de participantes que relutam em falar e sobre a seleção de exercícios para estimular a discussão. Contudo, orientações sobre amostragem devem ser tratadas com cautela (ver Capítulo 5, que é devotado ao tópico da amostragem), assim como é importante ter em mente o propósito bastante diverso que conduz o empreendimento de pesquisa de *marketing*. A pesquisa de *marketing* é um grande negócio e é frequentemente executada em escala nacional, com o potencial para convocar muitos grupos em localidades diferentes em um período muito curto de tempo. Amostrar depende de identificar mercados-alvo para publicidade e a visa a recrutar uma amostra que seja amplamente representativa dessa população-alvo. Nessa tradição, grupos focais são valorizados pela capacidade de fornecer respostas imediatas e, portanto, de antecipar tendências de mercado, em vez de ser por sua capacidade de obter informações detalhadas do tipo geralmente requerido por pesquisadores de serviços de saúde e cientistas sociais.

Entretanto, há uma parcela de trabalho acadêmico que usa grupos focais para explorar atitudes públicas a respeito de temas altamente controversos, como experimentos em animais (Macnaghten, 2001), ou mesmo identidade nacional (Wodak et al., 1999). Em contraste com a pesquisa de *marketing* ou as abordagens mais convencionais de usar grupos focais para avaliar a opinião pública, um trabalho como esse frequentemente emprega técnicas de análise de conversação e se baseia amplamente em estruturações teóricas para a compreensão dos dados. É provável que o nível de detalhamento envolvido na análise provavelmente dependa, naturalmente, de quem encomendou a pesquisa e por quais razões. Como Macnaghten e Myers (2004) apontam, o contexto do projeto e a escala temporal determinam muitas das escolhas envolvidas no uso de grupos focais. (Essas e questões relacionadas são discutidas de forma mais detalhada nos Capítulos 4 e 10.)

A tradição de desenvolvimento comunitário tem geralmente usado grupos focais em conjunto com outros métodos, incluindo observação de campo, entrevistas com informantes importantes e análises posteriores de fontes de dados secundárias. Ainda que essa abordagem possa, à primeira vista, parecer combinar com a tradição de pesquisa antropológica, existem tensões entre as duas, como Baker e Hinton (1999) reconhecem.

Muito tempo e energia têm sido empregados por pesquisadores para buscar orientações a partir de textos produzidos por essas várias tradições, mas eu diria que eles, com frequência, têm sido capturados em alguns dos debates internos dessas disciplinas específicas, e algumas vezes faltou com a ousadia para peneirá-las criticamente, selecionando o que se encaixa em seus próprios estudos e propósitos e rejeitando o que não se encaixa. Não há um jeito certo ou errado de se fazer pesquisa com grupos focais: o pesquisador é livre para adaptar, tomar emprestado e combinar quaisquer abordagens que deseje, e o desenvolvimento de híbridos é inteiramente aceitável – desde que a abordagem possa ser justificada no contexto específico do estudo (Kitzinger e Barbour, 1999).

AFIRMAÇÕES A RESPEITO DOS FOCOS

Alguns pesquisadores têm falado com grande entusiasmo sobre o potencial dos grupos focais de fortalecer os participantes. Johnson (1996), por exemplo, que publicou um artigo sobre grupos focais intitulado "É bom falar", considera que grupos focais podem estimular mudanças significativas e levar participantes a redefinirem seus problemas de uma forma mais politizada. Entretanto, um pouco de cautela é apropriado, já que o contexto em que esse "fortalecimento" está sendo buscado é de importância crucial. Verbalizar e compartilhar suas experiências pode muito bem ser catártico para as "classes agitadoras". Todavia, suspeito que os benefícios das discussões de grupos focais sejam menos tangíveis para aqueles cujas vidas e possibilidades para efetuar mudanças são mais estritamente governadas por constrições estruturais.

A ideia de que os grupos focais inerentemente engendram relações mais igualitárias entre os pesquisadores e os pesquisados também tem levado alguns comentadores a afirmar que eles são um método feminista. Uma discussão aprofundada por Wilkinson (1999b), entretanto, conclui que apesar de os grupos focais serem adequados para tratar dos tópicos da pesquisa feminista, seu uso não necessariamente constitui "pesquisa feminista". Grupos focais com mulheres podem certamente prover um excelente fórum para discutir e questionar aspectos de suas experiências associados a gêneros e podem transformar "problemas pessoais" em "questões públicas", como fez o trabalho de Pini (2002) com "mulheres fazendeiras" envolvidas com a indústria australiana de açúcar. Isso ecoa as afirmações feitas a respeito da "tomada de consciência" que caracterizou o movimento feminista inicial, tanto no Reino Unido quanto nos Estados Unidos. Entretanto, assim como apontam Bloor e colaboradores (2001, p. 15), grupos focais "não são a autêntica voz do povo" e se realmente fortalecem ou não um indivíduo depende do que acontecer depois da discussão grupal.

Grupos focais têm sido componentes-chave da abordagem de "intervenção sociológica" desenvolvida e defendida pelo sociólogo francês Alain Touraine (1981). O papel do sociólogo, tal como entendido por Touraine, reflete a agora antiquada, noção marxista da *intelligentsia* como arauto da mudança social – mesmo revolucionária – pelo encabeçamento de movimentos sociais. Essa abordagem consistiu em agregar pessoas em grupos por um tempo considerável e se baseava em uma "epistemologia da recepção", que enfatizava a importância do retorno dos participantes a partir da apresentação da teoria sociológica para a audiência relevante. Alguns analistas, como Munday (2006), têm criticado a abordagem de Touraine, afirmando que privilegia a perspectiva do sociólogo em detrimento da dos que estão participando da pesquisa. Entretanto, os interesses do pesquisador e do "pesquisado" não são necessariamente tão diferentes. A posição de Touraine é similar à tomada por Johnson (1996), que defende que grupos focais podem acessar conhecimentos não codificados e podem estimular a imaginação sociológica tanto dos pesquisadores quanto dos participantes. Hamel (2001, p. 351) argumenta que, entretanto, existem muitas questões práticas e metodológicas levantadas por empreendimentos como o de Touraine: "Discussões de grupo [...] não podem dar aos participantes o status de sociólogos. A participação em grupos focais não os transforma automaticamente em pesquisadores capazes de construir conhecimento sociológico". Pode haver também questões éticas envolvendo o uso do tempo e da energia dos participantes para produzir elaborações teóricas que são de pouca relevância prática para eles: de fato, isso pode ser a traição final da confiança de nossos respondentes (Barbour, 1998b).

É provável, então, que existam limites ao que pode ser obtido, mesmo pela mais abertamente participativa das pesquisas, e talvez devêssemos ser cônscios da tentação de igualar nossos próprios interesses disciplinares com os interesses políticos de quem pesquisamos, quer estejamos interpretando a situação como "pesquisa sobre sujeitos" ou "pesquisa com sujeitos". Ademais, algumas versões de abordagens participativas parecem evitar a questão da responsabilidade do pesquisador, por meio da cooptação dos participantes da pesquisa via apelos à "validação pelo respondente". Ainda que essa validação possa parecer politicamente correta e inerentemente atrativa (Barbour, 2001), como aponta Bloor (1997), dar retorno de análises de dados preliminares ou mesmo convidar os participantes a se envolverem na análise de dados provavelmente terá um potencial limitado para teorizações sociológicas. Em última análise, é o pesquisador quem foi requisitado a fazer a pesquisa e, em geral, somente o pesquisador, ou a equipe de pesquisadores, tem acesso ao banco de dados completo e à leitura de literatura relevante. O "esnobismo acadêmico invertido" presente em muitas tentativas de fazer "validação dos respondentes" no final poderá prestar um desserviço às nossas respectivas disciplinas, por fracassar em reconhecer as valiosas habilidades que trazemos para o empreendimento de pesquisa. Esse debate, é claro, levanta questões importantes a respeito do papel do pesquisador e das possibilidades e consequências políticas de se fazer pesquisa com grupos focais.

☑ PONTOS-CHAVE

Este capítulo descreveu modelos de aplicação de grupos focais separados e potencialmente contraditórios:

- Emissão de mensagens, *marketing* e relações públicas;
- Pesquisa e desenvolvimento organizacionais;
- Desenvolvimento comunitário e abordagens participativas;
- Serviços de saúde e pesquisas das ciências sociais.

Simplesmente constatar que todos os setores de pesquisa anteriormente citados utilizaram grupos focais é negar diferenças cruciais. Preocupações e direcionamentos profissionais e disciplinares moldaram as formas com que os grupos focais têm sido desenvolvidos e empregados em diferentes círculos profissionais e acadêmicos. Os detalhes das aplicações dos grupos focais variam, dependendo da natureza do envolvimento com os clientes e com aqueles que estão sendo pesquisados, dos serviços prestados, dos modelos profissionais utilizados e dos paradigmas teóricos empregados. O uso também se diferencia de acordo com a extensão na qual a própria interação ou o trabalho em grupo é central para a prática de uma profissão ou teorização, assim como de acordo com a natureza do envolvimento com o resto da sociedade, incluindo fontes de financiamento e entidades governamentais.

Exigindo pouco no processo de embasamento ou preparação (pelo menos em algumas aplicações), o grupo focal é um método prontamente acessível - veja, por exemplo, o exercício que você é convidado a executar no Capítulo 8, a respeito da produção de dados. Ele também é um método inerentemente flexível, e essas são boas razões para pegar emprestados elementos de cada um dos usos descritos aqui, de modo a desenvolver uma abordagem apropriada para o tema de pesquisa em questão. Entretanto, os pressupostos e objetivos refletidos nessas abordagens desencadearam muitos debates acalorados e, muitas vezes, quando essas diferenças não são apreciadas, também ocasionaram considerável confusão da parte dos pesquisadores em busca de orientações em textos que fornecem direcionamentos associados a aplicações específicas a certos contextos. Algumas vezes, o desnorteador conjunto de estudos utilizando grupos focais localizados em uma ampla variedade de disciplinas acadêmicas levou a uma situação na qual muitas pesquisas com grupos focais - de acordo com analistas como Catterall e Maclaren (1997) - não apresentam uma apreciação do método e uma abordagem de análise suficientemente claras. O Capítulo 3 localiza os grupos focais dentro das principais tradições de pesquisa e dentro do paradigma de pesquisa qualitativa, enquanto o Capítulo 2 assume um olhar crítico aos usos e abusos dos grupos focais, argumentando que é tão importante decidir quando essa abordagem não é apropriada quanto é essencial promover o método.

LEITURAS COMPLEMENTARES

Os trabalhos a seguir estenderão a primeira introdução aos grupos focais fornecida neste capítulo:

Bloor, M., Frankland, J., Thomas, M. and Robson, K. (2001) *Focus Groups in Social Research*. London: Sage.

Cunningham-Burley, S., Kerr, A., and Pavis, S. (1999) 'Theorizing subjects and subject matter in focus groups', in R.S. Barbour and J. Kitzinger (eds), *Developing Focus Group Research: Politics, Theory and Practice*. London: Sage, p. 185-99.

Kitzinger, J. and Barbour, R.S. (1999) 'Introduction: The challenge and promise of focus groups', in R.S. Barbour and J. Kitzinger (eds), *Developing Focus Group Research: Politics, Theory and Practice*. London: Sage, p. 1-20.

Macnaghten, P. and Myers, G. (2004) 'Focus groups', in C. Seale, G. Gobo, J.F. Gubrium and D. Silverman (eds), *Qualitative Research Practice*. London: Sage, p. 65-79.

2
USOS E ABUSOS DOS GRUPOS FOCAIS

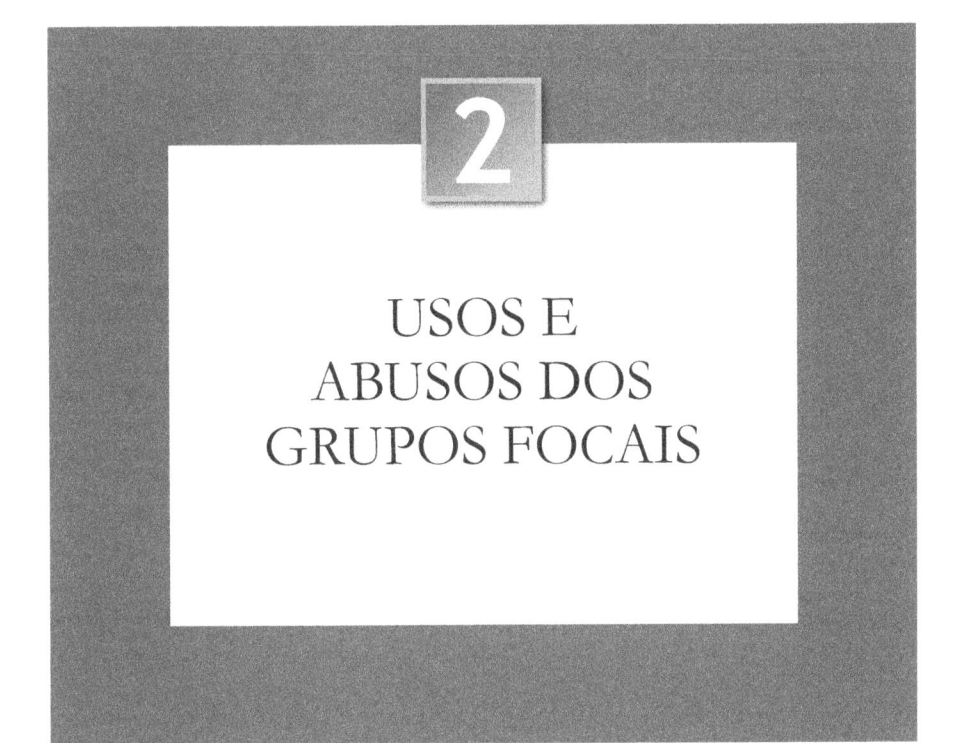

Objetivos do capítulo

Após a leitura deste capítulo, você deverá:

- compreender quando usar e quando não usar grupos focais;
- conhecer as razões particulares para usá-los;
- compreender que você deve avaliar as vantagens e as desvantagens desse método.

Este capítulo examina criticamente os usos para os quais os grupos focais têm sido empregados, incluindo seu uso durante a fase exploratória de estudos de método misto. Essa discussão considera o papel muitas vezes ignorado dos interesses e predisposições do pesquisador como determinantes do modo como os grupos focais são utilizadas. Tomando um olhar cauteloso para medir as vantagens e as desvantagens dos grupos focais, ela compara os seus usos apropriados e inapropriados e salienta alguns mal-entendidos e armadilhas comuns, tanto para o pesquisador novato no uso dos grupos focais quanto para o experiente. A discussão continua para considerar a adequação dos grupos focais para pesquisar tópicos "delicados", acessar narrativas ou "atitudes", engajar os respondentes "relutantes", alcançar os "pouco acessíveis" e introduzir *insights* da experiência. A próxima seção avalia os custos e as oportunidades do uso dos grupos focais e ressalta sua indicação para estudos responsivos e oportunos, sua capacidade para tratar de questões de "por que não?" e, por último, seu potencial comparativo. Apesar de seu impressionante histórico, o grupo focal nem sempre é o método mais apropriado. Não só o uso inapropriado dos grupos focais resulta em uma pesquisa malprojetada, como Krueger (1993) apontou, como o uso inapropriado e excessivamente entusiasta ameaça desacreditar o próprio método.

USO DE GRUPOS FOCAIS NA FASE EXPLORATÓRIA DE ESTUDOS DE MÉTODO MISTO

Um dos usos mais comuns destinados aos grupos focais é na fase exploratória de um projeto de pesquisa. Ainda que os grupos tenham sido usados mais frequentemente dentro do contexto de estudos quantitativos e para o propósito de desenvolver e refinar instrumentos de pesquisa, alguns pesquisadores também têm utilizado grupos focais exploratórios junto com outros métodos qualitativos. Essa foi a abordagem tomada por Lichtenstein (2005), que usou grupos focais com mulheres do sul dos Estados Unidos com o objetivo de desenvolver uma definição de "violência doméstica", a qual foi usada subsequentemente em entrevistas individuais.

Há muitos exemplos de grupos focais sendo usados durante a fase preliminar de estudos para desenvolver itens para a inclusão em questionários (O'Brien, 1993; Amos et al., 1997; McLeod et al., 2000; Wacherbarth, 2002; Stanley et al., 2003). Grupos focais também têm sido utilizados para adaptar questionários para outras populações (Fuller et al., 1993) e para formular questões contextualmente relevantes (Dumka et al., 1998). Têm sido empregados para fornecer uma base para projetar metodologias de questionários culturalmente delicados (Hughes e DuMont, 2002) - muitas vezes para grupos de minorias étnicas (Murdaugh et al., 2000; Wilcher et al., 2002).

Muitos pesquisadores têm utilizado os grupos focais para avaliar o desenvolvimento de instrumentos de pesquisa estatística, já que eles permitem ao pesquisador explorar os *insights* dos participantes, enquanto examinam questionários preliminares. Entretanto, esse exercício não é recomendado para os menos audazes: em minha experiência, os participantes dos grupos focais não medem suas palavras e são particularmente adeptos a criticar projetos de questionários. Desde que o pesquisador esteja preparado para ir adiante, cuidar de suas feridas no ego e reformular questões, essa abordagem pode oferecer grandes lucros.

O exemplo no Quadro 2.1 descreve nossa experiência de usar grupos focais para desenvolver itens específicos para inclusão em questionários e demonstra o valor agregado de se usar grupos focais preliminares. Ainda que muitos pesquisadores quantitativos tenham utilizado o potencial dos grupos focais para desenvolver instrumentos, grupos focais criados para esse propósito nem sempre são registrados ou submetidos a análises detalhadas. Isso pode ser todavia uma oportunidade perdida em termos de obter dados que podem se provar úteis, por exemplo, para assessorar explicações sobre achados anômalos ou associações estatísticas surpreendentes (Barbour, 1999b).

QUADRO 2.1 USO DE GRUPOS FOCAIS PARA DESENVOLVER UM QUESTIONÁRIO

Convocamos três grupos focais multidisciplinares para avaliar o desenvolvimento de um questionário de autopreenchimento para ser enviado a vários profissionais de atenção social e de saúde envolvidos em fornecer cuidados para mulheres com problemas de saúde mental, cujos filhos estivessem no registro de proteção à criança. Em particular, usamos os grupos focais para testar o vocabulário de duas questões e garantir que tínhamos provido uma lista exaustiva de profissionais em potencial com quem as pessoas tinham chance de entrar em contato. Uma questão era relacionada à frequência das dificuldades de se coordenar trabalhos com outros grupos profissionais, e a outra, junto à frequência com que problemas de confidencialidade eram experimentados.

Não era possível fazer um grupo de cada profissão, já que havia muitas profissões envolvidas – os três grupos focais incluíam agentes sociais especializados em crianças, agentes de saúde; psiquiatras de adultos; agentes sociais especializados em saúde mental; enfermeiras psiquiátricas comunitárias; cuidadores de crianças; médicos de organizações voluntárias servindo usuários de serviços de saúde mental; organizações voluntárias que lidam com crianças; e gestores intermediários tanto de serviços sociais quanto de serviços de saúde comunitária.

[...] houve alguma discussão a respeito de como os níveis percebidos de risco poderiam afetar a habilidade de um médico de encaminhar uma mãe com problemas de saúde mental para outros serviços. Um agente social que trabalha com crianças observou que "É colocar o seu cliente em particular mais alto na lista de prioridades", enquanto um que trabalha com saúde mental comentou sobre os modos pelos quais as mães com problemas de saúde mental poderiam ser excluídas dos serviços [...] Enquanto as necessidades de saúde mental eram percebidas como excludentes de outros serviços para algumas mulheres, alguns profissionais reconheceram que eles tinham, em algumas ocasiões, enfatizado demais o grau de risco para uma família a fim de que utilizasse serviços. Foi decidido, portanto, incluir isso como uma questão de escolha fixa no questionário. (Stanley et al., p. 52-53)

(Continua)

> (Continuação)
>
> Transtorno de personalidade também é um rótulo com frequência aplicado a pacientes difíceis de se lidar e que os serviços desejam colocar para fora da sua jurisdição. Há considerável incerteza sobre a medida em que o transtorno de personalidade responde a tratamento, com variações na definição da síndrome, tornando avaliações das intervenções particularmente difíceis. As discussões de grupo focal produziram uma concordância geral sobre o uso impreciso do termo "transtorno de personalidade" e sua função como um rótulo que poderia excluir as mulheres dos serviços.
> Portanto, decidimos incluir uma vinheta a respeito do transtorno de personalidade no questionário, que apresentava uma série de cenários hipotéticos e pedia aos respondentes que indicassem, em uma escala de 0 a 10, o nível de risco considerado aplicável a cada caso.

TÓPICOS "DELICADOS"

Algumas vezes, os pesquisadores defendem que grupos focais não são adequados para eliciar experiências a respeito de tópicos delicados, mas essa é uma suposição questionável. Assim como Farquhar e Das (1999) apontaram, a delicadeza de um tópico não é fixa mas socialmente construída, com os tabus de uma pessoa ou de um grupo sendo perfeitamente aceitáveis para outro.

Apesar do ceticismo de alguns pesquisadores, grupos focais têm sido usados para tratar de tópicos considerados "delicados" em uma ampla variedade de situações "difíceis" com grupos vistos como potencialmente vulneráveis. Grupos focais têm provado serem muito importantes em pesquisas sobre comportamento sexual (Firth, 2000), normalmente utilizando grupos de pares, assim como fizeram Ekstrand e colaboradores (2005) em seu estudo sobre o comportamento sexual, visões sobre o aborto e hábitos contraceptivos de garotas suecas em escolas. Pesquisadores que usaram grupos focais também buscaram as concepções daqueles com problemas sérios de saúde mental (Koppelman e Bourjolly, 2001; Lester et al., 2005) e exploraram tópicos como os cuidados de fim da vida dos doentes terminais (Raynes et al., 2000; Clayton et al., 2005). As questões éticas e os desafios de recrutamento e execução de grupos focais com tais participantes "vulneráveis" são discutidos de forma mais detalhada no Capítulo 7, sob o título de "considerações e desafios especiais".

QUANDO NÃO UTILIZAR GRUPOS FOCAIS

ACESSO A NARRATIVAS

Existem, contudo, algumas situações em que o uso de grupos focais seria desaconselhado. Eles não são, por exemplo, o primeiro método de escolha quando o objetivo é obter narrativas individuais. A questão não é tanto que as pessoas estarão relutantes em dividir suas experiências em um ambiente grupal, mas sim que ter vários participantes competindo para contar suas histórias individuais e detalhadas provavelmente produzirá "ruído", que nada mais é do que dados que são difíceis de ordenar e atribuir aos participantes. A natureza das discussões de grupos focais significa que as histórias provavelmente não vão se desenvolver sequencialmente, tal como seria o caso em uma entrevista individual e, portanto, o quadro apresentado será confuso e as tentativas de analisar os dados serão frustradas. Ong (2003) reporta um estudo sobre experiências de dores nas costas, no qual o grupo focal inicial permitia aos participantes que contassem suas histórias individuais e, com os grupos focais subsequentes, e o foco era mais explícito nas questões de pesquisa, sugerindo que uma série de grupos focais talvez seja mais apropriada quando a intenção é construir uma ideia detalhada da experiência individual. Cote-Arsenault e Morrison-Beedy (1999) sugerem, entretanto, que é possível eliciar narrativas por discussões de grupos focais, desde que o pesquisador use grupos menores. Cox e colaboradores (2003) fazem um uso bem-sucedido de grupos focais para acessar narrativas de mulheres sobre o diagnóstico e o tratamento de endometriose, mas eu suspeito que o trabalho extra necessário para destrinchar as histórias individuais e sequências de eventos podem cancelar quaisquer benefícios de se usar grupos focais em detrimento de entrevistas individuais.

ACESSANDO "ATITUDES"

Tampouco os grupos focais são apropriados se você quiser avaliar atitudes. Puchta e Potter (2002) argumentam que atitudes são os resultados finais de séries de decisões analíticas, o que sugere que deveríamos ser cautelosos ao pensar que existe alguma coisa como uma "atitude". Eles nos relembram de que atitudes são "desempenhadas" em vez de serem "pré-formadas" (Puchta e Potter, 2004, p. 27). As implicações para o processo de análise e o uso para o qual os achados do grupo focal possam ser empregados serão discutidos mais adiante, no Capítulo 11.

Enquanto os pesquisadores de *marketing* tendem a se focar no uso dos dados do grupo focal para fazer inferências a respeito das posições atitudinais ou preferências do consumidor médio, dentro da pesquisa das ciências sociais isso geralmente não é o objetivo final do produto. Nem são os resultados, em geral, tão urgentemente requisitos quanto ocorre com a pesquisa de *marketing*, sendo que há uma tradição venerável de se fazer levantamentos dentro das ciências sociais que serve muito melhor a esse requerimento. Se você quer fazer generalizações estatísticas a partir de seus dados, o grupo focal não é o método de escolha. "Amostras de grupos focais em geral são perigosamente pequenas e não representativas" (Morgan e Krueger, 1993, p. 14).

☑ ACESSO A INDIVÍDUOS "RELUTANTES"

Morgan (1988) defende o uso de grupos focais em preferência a entrevistas individuais em situações em que os respondentes possam achar interações cara a cara intimidantes. Em comparação com entrevistas individuais, grupos focais também podem encorajar a participação de indivíduos que, de outro modo, poderiam ser relutantes a falar sobre suas experiências devido por sentirem que têm pouco a contribuir a um projeto de pesquisa (Kitzinger, 19995). A escolha entre entrevistas individuais e grupos focais é discutida mais detalhadamente no Capítulo 4.

Em algumas instâncias, grupos focais podem permitir ao pesquisador engajar-se com os respondentes que de outra forma seriam relutantes em elaborar suas perspectivas e experiências (ver Quadro 2.2).

☑ ACESSO A INDIVÍDUOS "POUCO ACESSÍVEIS" OU MARGINALIZADOS E INTRODUÇÃO DE *INSIGHTS* DA EXPERIÊNCIA

Por causa de suas percebidas informalidades e aceitação pública crescente (talvez pelo uso ubíquo dos grupos focais por pesquisadores de *marketing* e aqueles interessados em acessar a opinião pública), os grupos focais ganharam a reputação de serem algo como "o método do último recurso" em termos da sua capacidade de engajar com aqueles que podem, de outro modo, escapar da rede de levantamentos, ou estudos que se baseiem no recrutamento daqueles que estão em contato com serviços. Tal como temos visto, essa vantagem frequentemente tem sido explorada para desenvolver questionários sobre temas culturalmente delicados. No que diz respeito a estudos qualitativos, grupos focais têm sido regularmente o método da preferência dos pesquisadores que tentam acessar grupos encarados como "pouco acessíveis", como membros de minorias étnicas (Chiu e Knight,

QUADRO 2.2 EXTRAÇÃO DE DADOS DE INDIVÍDUOS POTENCIALMENTE "RELUTANTES"

Assumi a supervisão de uma estudante de doutorado que havia tentado utilizar entrevistas para obter dados sobre as concepções masculinas sobre a saúde (Brown, 2000). Ela havia descoberto, para sua surpresa, que apesar de os homens estarem geralmente dispostos a ser entrevistados, suas respostas às questões eram muitas vezes monossilábicas e eles aparentavam achar difícil focar-se nesse tópico. Ela explicou que temia que isso fosse indicativo da relutância dos homens do noroeste da Inglaterra, um grupo notoriamente taciturno, em discutir assuntos pessoais. Chegamos a uma decisão conjunta de fazer algumas entrevistas com homens que haviam experimentado o "incidente crítico" de um ataque cardíaco, o que produziu dados que iluminaram suas suposições e expectativas prévias, agora submetidas a um agudo foco a partir do evento dessa doença.

Entretanto, a estudante ainda estava interessada em obter as visões dos homens que não tinham experimentado essa ocorrência específica, e decidimos que ela procuraria convocar algumas discussões de grupos focais. Isso foi realizado contatando-se empregadores significativos da localidade, o que resultou em 12 grupos realizados no local de trabalho (com grupos separados para trabalhadores manuais e administrativos), sendo convocados em uma variedade de ambientes, incluindo a prefeitura, o serviço de bombeiros, a polícia, e duas companhias farmacêuticas. Um grupo comunitário posterior, fundamentado em uma igreja, também foi conduzido.

Infelizmente, as tentativas de se criar grupos com membros de clubes esportivos foram infrutíferas. Os homens foram receptivos a contatos estabelecidos a partir de seus locais de trabalho, com o recrutamento sendo facilitado pelo fato de as sessões se realizarem durante o horário de expediente. Além disso, as discussões nos grupos focais ofereceram um contraste marcante com as tentativas anteriores de entrevista, com os homens se engajando animadamente no assunto, tendo ou não tendo experimentado pessoalmente períodos de doença. O formato de grupos focais permitiu aos homens que comparassem suas percepções e experiências com as de seus colegas e que se apoiassem em conhecimento comum, por exemplo, sobre personalidades dos esportes e da mídia que já tinham sofrido ataques cardíacos. A inclusão de homens de várias idades também levou à iluminação da discussão quanto à influência das diferentes fases do ciclo vital - e responsabilidades e possibilidades relacionadas - nas percepções de saúde e de comportamentos relacionados à saúde. Talvez o mais importante tenha sido que os grupos focais evitaram que se colocassem em foco homens individualmente, permitindo que entrassem na discussão quando e como quisessem, estimulados pelas reflexões de seus colegas.

1999), juventude urbana (Rosenfeld et al., 1996) e migrantes (Ruppenthal et al., 2005). Alguns grupos, é claro, podem ser marginalizados a respeito de vários de seus atributos, como os homens homossexuais usuários de drogas que vivem em ambientes caracterizados por altos índices de infecções por HIV que foram estudados por Kurtz (2005). Grupos focais podem encorajar maior honestidade (Krueger, 1994) e dar aos participantes permissão para falar sobre questões normalmente não levantadas, especialmente se os grupos foram convocados para refletir algum atributo ou experiência em comum que os difere de outros, portanto, provendo uma "segurança em números" (Kitzinger e Barbour, 1999).

O método tem sido selecionado muitas vezes como especialmente apropriado para eliciar as perspectivas de mulheres, talvez pela ideia de que grupos focais pareçam mais próximos de padrões "feminilizados" de interação e troca. Entretanto, ultimamente os pesquisadores estudando homens têm começado a empregar os grupos focais com mais frequência, tanto para acessar homens que pertençam a minorias étnicas (Royster et al., 2000) quanto para ter acesso aos que tendem a não usar esses serviços (O'Brien et al., 2005). Ainda que os homens tendam a não serem vistos como marginalizados, a não ser que pertençam a um grupo minoritário identificado, obter suas visões sobre tópicos mais delicados pode representar um desafio. Estudos recentes com grupos focais têm explorado perspectivas e experiências masculinas sobre vários temas "difíceis", incluindo a droga da "impotência", o Viagra (Rubin, 2004), e imagem corporal (Grogan e Richards, 2002).

Um uso particularmente popular dos grupos focais em pesquisas com serviços de saúde tem sido para ganhar acesso rápido às perspectivas de um grupo específico de pessoas – com frequência aqueles cujas vozes estariam de outro modo emudecidas. Existe, por certo, uma tradição venerável de escrita que busca "prestar testemunho", mas limitar os grupos focais a simples relatórios é subaproveitar seu potencial: eles podem fazer muito mais do que simplesmente fornecer uma janela à experiência subjetiva – uma tarefa a qual biógrafos, escritores fantasmas, novelistas e lobistas já exercem com excelência. Ilustrando seu argumento com referência ao grande *corpus* de trabalho sobre as experiências com doenças crônicas, Atkinson (1997) alerta contra cair na armadinha de se romancear considerações dos respondentes, tomando-as por seu valor aparente e falhando em submetê-las a um escrutínio crítico, como faríamos com outros argumentos. O Capítulo 4, sobre o projeto de pesquisas (que mostra como garantir que o potencial comparativo do estudo seja maximizado), e os Capítulos 9 e 10, sobre como produzir análises estruturamente informadas, oferecem orientações sobre como os pesquisadores podem transcender as armadilhas associadas a trabalhos com grupos focais voltados a acessar experiências (pela identificação de padrões nos dados e da interrogação sistemática destes).

Todavia, grupos focais têm potencial agregado – em especial para o clínico--pesquisador – para uso em projetos orientados abertamente por pesquisa--ação. Crabtree e colaboradores (1993, p. 146) argumentam que "é possível usar grupos focais como uma ferramenta de coleta de dados e de intervenção simultaneamente". Isso é, em essência, não dessemelhante da abordagem defendida por Touraine (1981), mas com a notável diferença de que os profissionais - diferentemente dos acadêmicos, cujo papel Touraine enfatizou - tendem a apresentar as habilidades que os participantes de grupos focais valorizam (e que podem ser exercidas mesmo durante as sessões de grupo) e podem também, o que é muito importante, ter a capacidade de influenciar a prestação de serviços e alocação de recursos.

AVALIAÇÃO DE CUSTOS E OPORTUNIDADES

Um dos mitos mais comuns cercando o uso dos grupos focais é que eles permitem que a pesquisa seja realizada e de maneira mais rapidamente e mais barata do que com outros métodos. Morgan e Krueger (1993) tentaram dissipar esse mito, e outros, como Jackson (1998), Kitzinger e Barbour (1999) e MacLeod Clark e colaboradores (1996), apresentaram detalhes dos custos adicionais provavelmente envolvidos, incluindo deslocamento, aluguel de sala, refrescos e transcrição. Pode haver custos adicionais em termos do tempo que o pesquisador passa telefonando aos participantes para garantir que estejam presentes e simplesmente lidando com a logística de conciliar as características requeridas para a composição do grupo e a disponibilidade de participantes em potencial. (Esse aspecto é discutido no Capítulo 5, que é dedicado à amostragem.)

David Silverman (1992) fez a observação de que os pesquisadores algumas vezes selecionam uma abordagem qualitativa não tanto pelo que ela permitirá que realizem, mas, contrariamente, pelo que eles imaginam que ela permitirá que evitem. Para alguns pesquisadores - e, de fato, para alguns financiadores - o apelo dos grupos focais reside principalmente em sua presumida economia em termos de tempo e esforço. Esses benefícios, contudo, são amplamente ilusórios, já que grupos focais - se os seus potenciais plenos forem para ser atingidos - requerem o investimento de mais tempo e esforço durante o estágio de planejamento. Um dos enganos mais comuns sobre a técnica é a ideia de que pode representar um "atalho", um equivalente mais barato a um levantamento. Se os pesquisadores quiserem recrutar uma amostra representativa - o que é essencial se sua intenção é fazer generalizações estatísticas - grupos focais não são a forma mais confiável de selecionar participantes nem de obter informações sobre suas atitudes.

Existe, de forma inegável, um grande elemento oportunista em algumas pesquisas com grupos focais. Kevern e Webb (2001) criticam essa abordagem e destacam como o rótulo "grupo focal" pode até ser aplicado depois do evento.

Embora seja, é claro, possível utilizar espaços de encontros preexistentes (em vez de recrutar e alojar participantes para grupos baseados em critérios definidos pelo pesquisador), é importante ponderar as lacunas que podem estar envolvidas em virtude da composição de tais grupos; isto é, não é esperado que eles deem conta da história toda, a não ser que a questão de pesquisa esteja preocupada apenas com esses grupos específicos. É também possível fazer sessões de *brainstorming* (sem ter desenvolvido um guia de tópicos – roteiro – ou ter selecionado materiais de estímulo), mas, assim como em qualquer outro método de pesquisa, dados pouco trabalhados forneceram resultados pouco organizados.

MOMENTO E RELEVÂNCIA

Uma grande vantagem dos grupos focais, entretanto, é sua capacidade de capturar respostas a eventos enquanto se desenrolam. Economias de escala significam que, em certas circunstâncias, um estudo pode ser montado bem rapidamente e é talvez por essa razão que o método encontrou tanto prestígio entre os pesquisadores de *marketing* e jornalistas. Um exemplo de um uso oportuno dos grupos focais é provido pelo estudo realizado por Black e Smith (1999) logo após a morte da Princesa Diana. Tendo notado que 80% das assinaturas nos livros de condolências eram de mulheres, eles confinaram seu estudo às mulheres e conduziram três grupos focais separados (com mulheres australianas de diferentes idades e contextos sociais). Grupos focais foram executados durante o período entre as duas semanas depois da morte de Diana e três semanas após seu funeral (ver Quadro 2.3).

AS PERGUNTAS "POR QUE NÃO?"

Entretanto, para aquelas situações em que, ao formular a sua questão de pesquisa, você percebe as palavras "por que não ... ?" se esgueirando em seus pensamentos, grupos focais são a abordagem ideal. Em certa ocasião, dei orientações a uma dentista que queria realizar uma pesquisa para explorar por que as pessoas não visitam seus dentistas no intervalo mínimo recomendado, que é de seis em seis meses. Argumentei que entrevistas individuais com esse tema provavelmente acabariam colocando as pessoas na defensiva e gerariam respostas inteiramente negativas, o que daria poucos indícios da extensão na qual os indivíduos podem, na prática, realmente tomar consciência de outras mensagens de promoção à saúde dental. Em vez disso, a partir de nossas discussões, ela optou por grupos focais e centrou as questões na relevância de vistorias semestrais, dentro de uma discussão mais ampla sobre a importância de se manter a saúde bucal e qual a melhor maneira de se conseguir isso.

QUADRO 2.3 UM EXEMPLO DE PESQUISA COM GRUPOS FOCAIS RESPONSIVA E OPORTUNA

Black e Smith explicam que precisavam de uma metodologia flexível que permitisse que fossem a campo imediatamente, viabilizando um intervalo curto entre a conceitualização dessa questão de pesquisa e a coleta de dados completa. No período que se seguiu à morte de Diana, sua morte tornou-se um "tópico para se discutir, refletir e se autorreferir" (Black e Smith, 1999, p. 265), tanto no contexto australiano (em que o estudo foi realizado) quanto na maior parte do resto do mundo.

> Entre a mídia de massa e seus biógrafos, Diana foi incansavelmente retratada como um símbolo sagrado profundamente significativo – em particular para as mulheres. (...) Charme, beleza, carisma e glamour eram apontados como carne de seu *status* como "a princesa do povo". Outros focaram suas atenções nos papéis sociais que ela exercia e como eles se entrecruzavam com um mundo em transformação. Essas discussões retratavam uma Diana santificada, devotada ao trabalho de caridade e ao contato com cidadãos marginais e minoritários (1999, p. 264).

Os comentaristas identificaram uma Diana sofredora, "feminista" e resiliente com quem outras mulheres oprimidas puderam formar um vínculo solidário (1999, p. 264).

> Refletimos que os sentimentos e as atitudes que podem ter sido difíceis de resgatar ou justificar antes de sua morte eram mais prováveis de estarem discursivamente disponíveis às pessoas comuns naquele período (1999, p. 265).

Black e Smith tomaram como sua questão de pesquisa que as mulheres organizaram suas identificações com Diana por meio de sua biografia e história de vida. Portanto, tomaram a decisão de organizar grupos focais em torno da variabilidade de idade, o que, supunham que, facilitaria o desencadeamento de memórias específicas a certos grupos. Eles concluem:

> Por mais que nosso estudo tenha sido limitado em dimensão, pelo menos foi flexível e rápido o bastante para coletar dados em um momento crítico que nunca será repetido (1999, p. 267).

Por sua capacidade de explorar as tão elusivas questões do tipo "Por que não...?", grupos focais têm sido muito usados para investigar a não aceitação de serviços de saúde ou a "não adesão". Estudos têm olhado, por exemplo, para as barreiras ao se fazer um exame de imagem (Lagerlund et al., 2001; Jernigan et al., 2001) e vários estudos empregaram grupos focais para esclarecer o comportamento imunizatório (Keane et al., 1996). Grupos focais também têm sido utilizados para fornecer um entendimento mais amplo sobre comportamentos aparentemente ilógicos relacionados à saúde, como o tabagismo durante a gravidez (Hotham et al., 2002) e a falta de adesão aos protocolos de controle da asma (George et al., 2003). Todos esses estudos são caracterizados por um foco na importância do entendimento leigo e têm como ponto de partida a noção de que práticas e crenças aparentemente ilógicas, uma vez vistas das perspectivas das pessoas envolvidas, têm boas chances de revelar lógicas coerentes e possivelmente muito sofisticadas. Isso, entretanto, só se torna aparente quando os participantes dos grupos focais recebem abertura para justificar e expandir suas visões em um ambiente livre de julgamentos.

C. Wright Mills, escrevendo em 1959 sobre o que chamou de "a imaginação sociológica", exortou os pesquisadores a empregarem uma "brincadeira sociológica da mente", o que envolve, entre outras abordagens, girar as questões de pesquisa em suas cabeças. Então, ao procurar entender por que as pessoas não fazem algo, pode também ser útil problematizar os comportamentos vistos como desejáveis, ou, pelo menos, não requerendo explicações; por exemplo, por que seguir as orientações dos profissionais?

Inserir as questões "por que não...?" em uma discussão mais ampla também serve à útil função de não selecionar para críticas em potencial aqueles que não aderiram aos serviços ou não seguiram as orientações. Assim, evita-se a resultante "amostragem por deficiência" (MacDougall e Fudge, 2001), que ameaça alienar participantes em potencial e tornar problemático que a descrição da pesquisa seja fornecida no momento das negociações. Essa abordagem tem o bônus de tornar mais fácil para os participantes tomarem suas ações em um contexto mais amplo, juntando-se ao pesquisador ao comparar e contrastar respostas. Essa foi a abordagem que nós adotamos em um estudo com pacientes sobre respostas a experiências da reabilitação cardíaca (ver Quadro 2.4).

A chave para se produzir achados de pesquisa que transcendam o puramente descritivo e comecem a ser analíticos reside no estudo dos padrões em nossos dados. Isso é possível quando se presta bastante atenção ao projeto de pesquisa (ver Capítulo 4) e se seleciona participantes com o intuito de maximizar o potencial de comparação. Análises se tornam mais do que simplesmente extração de temas a partir dos dados, passando, então, a envolver um processo de interrogar os dados, contextualizar comentários, desenvolver tentativas de explicação e submetê-las a mais interrogações e refinamentos (ver Capítulos 10 e 11).

Dentro dessa arena de pesquisa das experiências dos pacientes, os que proveem as recomendações mais detalhadas para a prática de promoção de saúde, todavia, são – mais uma vez – aqueles que mais aprofundadamente questionam os dados gerados (ver Quadro 2.5).

Bloor e colaboradores (2001) argumentam que grupos focais são o método de escolha somente quando o propósito da pesquisa é "estudar normas de grupo, significados grupais e processos grupais". Eles são particularmente aptos para o estudo de processos de tomada de decisão, por exemplo, e

QUADRO 2.4 COMPREENSÃO DE EXPERIÊNCIAS CONTRASTANTES DE REABILITAÇÃO CARDÍACA

Tendo sido convidada a fazer uma série de oficinas sobre pesquisa qualitativa para um pequeno grupo de oito estudantes de medicina do esporte, decidi envolvê-los em um miniprojeto (Clark et al., 2002, 2004). Eles haviam expressado interesse em examinar as razões para o fracasso em concluir programas de reabilitação cardíaca, assim como para os atritos neles ocorridos. Um colega (Alex Clark) ajudou em sessões subsequentes de oficinas e proporcionou suporte prático para estudantes que eram encarregados da tarefa de executarem grupos focais (em pares) com pacientes identificados pelos registros do hospital como tendo experimentado um ataque cardíaco nos últimos dois anos. Dois estudantes também fizeram grupos focais com profissionais envolvidos em prover cuidados a pacientes cardíacos em uma variedade de ambientes na comunidade e no hospital.

Os pacientes eram contatados pelo departamento de registros do hospital para garantir a anonimidade e eram convidados a participar de um dos seis grupos focais, com grupos separados sendo convocados para aqueles que completaram o programa, aqueles que largaram o programa durante seu andamento e aqueles que não quiseram nem começar. Consideramos importante evitar o potencial constrangimento que poderia advir de se contrastar pacientes "modelo" com aqueles que falharam em seguir a orientação da promoção de saúde. Manter grupos focais separados nos permitiu explorar as visões dos não assistentes sobre o tipo de pessoa que se envolve com reabilitação cardíaca, bem como possibilitou compreender um pouco por que eles não consideravam esse um curso de ação apropriado para eles mesmos. Não só eram esses indivíduos, e aqueles que largaram o programa, improváveis candidatos a se oferecer para participar de entrevistas individuais; essas entrevistas, ao centrarem-se em seu fracasso ao seguir as orientações de promoção de saúde como um todo, correriam o risco de segregá-los ainda mais.

Ao executar um projeto como esse, os pesquisadores percorreram um estreito caminho entre pregar aos infiéis, por um lado, e condenar comportamentos não saudáveis, por outro. Os pacientes podem ter sido encorajados a participar, porque o projeto estava sendo conduzido por estudantes de medicina em um caráter de aprendizado. Isso pode ter ajudado a reassegurar os pacientes do valor dos estudantes escutarem as concepções de todos e deu a eles uma oportunidade de contribuírem para o treinamento de futuros profissionais.

dos modos pelos quais as pessoas pesam prioridades competidoras ou os meios pelos quais qualificam suas visões para tomar fatores situacionais e circunstanciais em consideração.

Assim como sugere Wilkinson (1999a), discussões de grupos focais podem oferecer uma janela para os processos que de outro modo permaneceriam ocultos e que são difíceis de penetrar. Ela defende que, durante as discussões de grupos focais, tipicamente, "um senso coletivo é estabelecido, os significados são negociados e as identidades elaboradas pelos processos de interação social entre as pessoas" (p. 225).

> **QUADRO 2.5 EXPLORAÇÃO DO POTENCIAL COMPARATIVO DE UM GRUPO FOCAL**
>
> Evans e colaboradores (2001) compararam as visões dos pais que aceitaram a imunização da tríplice viral com a daqueles que a recusaram. Os dados salientaram as ansiedades dos pais que optaram pela imunização e mostraram que poucos encararam a vacina tríplice com completa confiança. Mesmo os pais imunizadores "escolheram a conformidade em vez de tomarem uma decisão positiva e informada" (p. 908-909). Esse estudo foi capaz de acessar o raciocínio e as considerações por trás das decisões dos pais, mas demonstrou o complexo modo pelo qual isso era sobreposto por outras atitudes e processos psicológicos. Esses pesquisadores aproveitaram as oportunidades de mais comparações entre grupos e observaram que, curiosamente, muitos dos não imunizadores tiveram seus filhos mais velhos imunizados, mas mudaram de ideia à medida que iam se sentindo mais confiantes para questionar recomendações profissionais e explorar alternativas. Os achados do estudo ressaltaram necessidades-chave de informações dos pais: "por que a programação da tríplice viral mudou, a importância da imunização tanto de meninos quanto de meninas, a duração da proteção e a fundamentação para atualizações, a limitada transferência de imunidade no leite materno e por que imunização é importante em uma idade tão jovem" (p. 909).

Aqui se encontra a chave do potencial dos grupos focais para uso terapêutico, ou – de forma menos ambiciosa ou, talvez, conversa – das suas capacidades de oferecerem *insights* para os participantes e para os pesquisadores. Crabtree e colaboradores (1993, p. 146) observam: "pessoas podem reconhecer nos outros partes de si mesmas previamente ocultas. Também podem reconstruir suas próprias narrativas de vida a partir das histórias dos outros". Se isso será utilizado para efeitos terapêuticos, ou se será simplesmente usado pelo pesquisador para iluminar similaridades e diferenças nas experiências e considerações dependerá, em última análise, do propósito da pesquisa e das predisposições e especialidades dos pesquisadores envolvidos. Antes de nos voltarmos a considerar de modo mais detalhado o tipo de dados que os grupos focais podem eliciar e como isso pode representar uma base para interpretação e desenvolvimento de explicações teóricas, entretanto, é importante localizar os grupos focais em debates metodológicos e epistemológicos mais amplos, que continuam a ser uma parte do empreendimento de pesquisa. Esse é o assunto do Capítulo 3.

PONTOS-CHAVE

- Grupos focais são úteis para avaliar projetos de questionários e metodologias culturalmente apropriadas.

- Podem ser usados em uma grande variedade de circunstâncias, incluindo tópicos convencionalmente considerados "delicados" – dado que sejam estabelecidas considerações prévias adequadas tanto para o projeto de pesquisa quanto para as questões éticas.
- Grupos focais não são o primeiro método de escolha para obter narrativas.
- Grupos focais podem encorajar um maior candor e podem ser mais aceitáveis para participantes relutantes em envolverem-se com entrevistas individuais.
- Eles não devem ser usados como uma rota de "atalho" para coletar dados de levantamentos, já que eles não oferecem meios de avaliar atitudes e tampouco provêm dados que se disponham a generalizações estatísticas.
- Grupos focais podem ser úteis para a aproximação dos "pouco acessíveis" e os potencialmente relutantes.
- Essa abordagem pode iluminar as preocupações daqueles cujas vozes estariam de outra forma emudecidas.
- Grupos focais também são produtivos para abordagens de pesquisa-ação.
- Dados gerados em grupos focais podem ser usados para prover uma janela para a experiência subjetiva, mas isso é o mínimo que essa abordagem é capaz de fazer.
- O uso oportunista dos grupos focais resulta em projetos de pesquisa empobrecidos e dados pouco produtivos.
- Grupos focais são excelentes para acessar respostas a eventos enquanto estes se desenrolam.
- São particularmente apropriados para abordar questões do tipo "por que não ... ?" e para acessar perspectivas em tópicos sobre os quais os participantes podem ter previamente dedicado considerações mínimas.

LEITURAS COMPLEMENTARES

Nos artigos e livros a seguir você encontrará exemplos dos modos de utilizar grupos focais discutidos aqui, delineados de forma mais detalhada:

Clark, A., Barbour, R.S. and MacIntyre, P.D. (2002) 'Preparing for secondary prevention of coronary heart disease: a qualitative evaluation of cardiac rehabilitation within a region of Scotland', *Journal of Advanced Nursing*, 39(6): 589-98.

Clark, A.M., Barbour, R.S. and McIntyre, P.D. (2004) 'Promoting participation in cardiac rehabilitation: an exploration of patients' choices and experiences in relation to attendance', *Journal of Advanced Nursing*, 47(1): 5-14.

Kevern, J. and Webb, C. (2001) 'Focus groups as a tool for critical social research in nurse education', *Nurse Education Today*, 21: 323-33.

Stanley, N., Penhale, B., Riordan, D., Barbour, R.S. and Holden, S. (2003) *Child Protection and Mental Health Services*. Bristol: Policy Press

FUNDAMENTOS DA PESQUISA COM GRUPOS FOCAIS

Objetivos do capítulo

Após a leitura deste capítulo, você deverá:

- ser capaz de localizar os grupos focais em uma conjuntura mais ampla de pesquisa qualitativa;
- conhecer as diferentes tradições como um plano de fundo do uso de grupos focais;
- conhecer de forma mais detalhada o valor de se usar grupos focais.

Este capítulo interroga os fundamentos "epistemológicos" dos vários usos dos grupos focais e tenta localizar a pesquisa com grupos focais em relação às principais tradições filosóficas e metodológicas. "Epistemologia" refere-se a "o que nós consideramos como conhecimento ou evidência de elementos no mundo social" (Mason, 1996, p. 13). Apesar de ser argumentado que os grupos focais encaixam-se na tradição mais ampla da pesquisa qualitativa, eles não podem ser perfeitamente atribuídos a qualquer uma das muitas – e potencialmente contraditórias – abordagens qualitativas.

Revisando a história do uso de grupos focais, Kidd e Parshall (2000, p. 296) argumentam que "[...] métodos de grupo focal se desenvolveram e [têm se] mantido fora das principais tradições metodológicas de pesquisa qualitativa, e são, portanto, relativamente agnósticos em termos de metodologias à disposição". Ainda que isso tenha, algumas vezes, levado a algo similar a um vale-tudo metodológico, existem propriedades particulares das discussões de grupos focais que servem a abordagens qualitativas, e defende-se que é somente no contexto desse tipo de uso que os grupos focais atingem seu potencial pleno. Além disso, muitos dos problemas que os pesquisadores levantam em relação à produção e à análise de dados usando grupos focais refletem pressupostos velados que mostram expectativas inapropriadas sobre os grupos. Uma vez que os grupos focais sejam colocados em seu contexto de direito na pesquisa qualitativa, muitos dos problemas e frustrações encontrados pelos pesquisadores que usam grupos focais e fraquezas percebidas do método podem, na verdade, revelar-se vantagens.

GRUPOS FOCAIS COMO UM MÉTODO DE PESQUISA QUALITATIVA: CAPACIDADES E DESAFIOS

Grupos focais, em comum com outros métodos qualitativos, apresentam um ótimo desempenho ao proporcionar *insights* dos processos, em vez dos resultados. Isso, entretanto, é algumas vezes menosprezado pelos pesquisadores que empregam grupos focais como um método. Um uso comum é a chamada "técnica do grupo nominal", que se provou muito popular na pesquisa com serviços de saúde (ver Capítulo 1). Literalmente significando "um grupo convocado para pesquisa, ao invés de ser um grupo que ocorre naturalmente" – um grupo apenas no nome – a variante mais comum dos "grupos nominais" envolve empregar um exercício de *ranking* para encorajar os participantes a determinar suas prioridades. Enquanto eu postularia que importantes *insights* podem ser ganhos ao se prestar atenção ao discurso gerado durante o processo de debate e pesagem de prioridades competidoras, muitos proponentes dessa abordagem concentram seus esforços, ao contrário, no resultado dessas deliberações. Dependendo do uso para o qual essa informação é posta, isso, por ventura, venha a não só divergir da contribuição que pode ser feita pelos métodos de grupo focal, como também pode seriamente se perder – particularmente quando esses dados são usados para informar decisões sobre o uso de recursos. No mundo real, essas decisões precisam ser tomadas, e seria tolice não reconhecer as muitas vezes genuínas tentativas envolvidas em acessar e responder às "vozes dos consumidores". É importante, contudo, separar essas considerações das discussões sobre o potencial dos grupos focais como um método, já que qualquer orientação advinda de publicações associadas a esse uso de "grupos nominais" tem poucas chances de fornecer um padrão útil para pesquisas com grupos focais em si.

Uma questão frequentemente debatida no uso dos grupos focais é a extensão na qual o pesquisador que utiliza grupos focais deveria procurar, em análise, tanto eliciar quanto se ater aos dados dos indivíduos em vez de aos dados do grupo. Se o objetivo da pesquisa for comparar os temas e as questões levantadas pelos membros dos grupos que tiverem sido expressamente selecionados para facilitar comparações de linhas específicas – por exemplo, localidade ou gênero – um caso certamente pode ser feito para se concentrar nas diferenças entre os grupos. Ainda que muitas discussões de grupo focal cheguem a um consenso, há dificuldades envolvidas em sintetizar uma "visão de grupo". Com abordagens projetadas para desenvolver linhas consensuais, por exemplo, isso não é um problema, mas levanta um desafio para a pesquisa que visa a compreender as diferenças em ênfases e entendimentos de vários grupos. Além disso, assim como Myers e Macnaghten (1999) apontam, muitos grupos não desenvolvem tal consenso e é o intercâmbio entre os participantes que forma os dados valiosos para o pesquisador procurando ganhar *insight* do processo grupal, não o resultado da discussão.

Na análise da interação grupal, é importante, portanto, examinar as vozes individuais na discussão. Cada participante do grupo focal pode ser descrito em referência a muitas características relacionadas: um grupo focal de mulheres pode incluir indivíduos de várias idades, classes sociais e orientações sexuais, por exemplo (Kitzinger e Barbour, 1999). Seria uma pena seguir uma abordagem que não permitisse ao pesquisador tirar vantagem dos *insights* adicionais que tais comparações intragrupo podem proporcionar – uma vez que os participantes do grupo focal podem engajar-se em debates acalorados, pautando-se por diferentes circunstâncias e experiências individuais, enquanto "mergulham" nas questões e nas tarefas que nós, como moderadores, estabelecemos para eles. Além disso, é essa atenção para diferenças adicionais que alerta os pesquisadores sobre as possibilidades fornecidas pela amostragem de segundo estágio (discutida detalhadamente no Capítulo 5), na qual grupos adicionais podem ser convocados para explorar mais a fundo quaisquer impressões desenvolvidas durante a discussão de grupo focal inicial e a análise preliminar. Isso, entretanto, está longe de ser a utilização de discussões de grupos focais para acessar atitudes individuais, o que é um uso mais problemático do método.

Todos os comentários feitos durante os grupos focais são altamente dependentes do contexto e são contingentes às respostas dos membros do grupo, às contribuições dos outros e à dinâmica daquele grupo em particular. Assim como Billing (1991) aponta, as visões expressas nos grupos focais são altamente específicas e são "indissociáveis da situação que está acontecendo". É um equívoco tentar extrapolar a partir de discussões de grupo focal para tentar medir atitudes individuais. Ainda que não estejam explicitamente utilizando grupos focais como um "atalho" para levantar dados, alguns pesquisadores ainda assim podem expressar frustração a respeito da percebida inconstância das visões pelas discussões de grupo focal. Os participantes frequentemente mudam de ideia sobre questões no curso da discussão, particularmente quando os grupos focais abordam um tópico sobre o qual os participantes não haviam prestado muita atenção. Isso é salientado no título do artigo de Warr (2005): "Foi divertido [...] mas nós não costumamos falar sobre essas coisas". Os pesquisadores correm o risco de tratar visões como se elas existissem independentemente de nossas discussões de grupo focal, quando seria mais útil considerar o próprio encontro de pesquisa como um "local de desempenho" (Brannen e Pattman, 2005, p. 53). Praticamente sem exceção, análises detalhadas de discussões de grupos focais destacam inconsistências e contradições. Isso só é um problema se alguém encarar as atitudes como fixas. Grupos focais são ótimos para nos permitir estudar o processo de formação de atitude e os mecanismos envolvidos e na interrogação e modificação de visões. Se realmente quisermos destrinchar o processo de formação da atitude individual, talvez devêssemos realizar uma série de discussões de grupo focal com o intuito de monitorar as mudanças ao longo do tempo.

Em um estudo sobre a opinião pública a respeito das prioridades estabelecidas para a saúde, Dolan e colaboradores (1999) realizaram, em momentos diferentes, dois conjuntos de grupos focais com os mesmos pacientes para examinar o impacto das discussões sobre seus pontos de vista. Tendo havido a oportunidade de discutir complexos processos de tomada de decisão, muitos dos participantes mudaram de ideia, tornando-se mais simpáticos ao papel dos administradores e mais relutantes a tomar decisões óbvias. Isso, eles concluem, não deixa dúvidas sobre "qual é o valor dos levantamentos que não dão aos respondentes o tempo ou a oportunidade para refletirem sobre suas respostas" (Dolan et al., 1999, p. 919). Em vez de punir os grupos focais por seu fracasso em fornecer medições confiáveis das visões dos participantes, nos grupos focais deveriam ser valorizados por sua capacidade única de fornecer um entendimento de como essas visões se formam. David Morgan (1988, p. 25) observou que "grupos focais são úteis quando se trata de investigar o que os participantes pensam, mas eles são excelentes em desvendar por que os participantes pensam como pensam".

Enquanto o fato de a natureza dos grupos focais ser específica ao contexto pode ser visto a partir de uma tradição positivista, como constituindo uma fraqueza, uma mudança na orientação permite ver isso como uma virtude. Aqueles que se agonizam, durante o processo de análise, com a dificuldade de estabelecer claramente as posições dos participantes não estão entendendo a ideia e estão cometendo o erro de ver os grupos focais como um "atalho" para coletar dados como os de levantamentos: esse não é o forte dos grupos focais nem de qualquer outro método qualitativo.

Envolvendo muitas vezes considerações longas e aprofundadas de questões abertas e materiais de estímulo, grupos focais têm a capacidade de refletir questões e preocupações que são importantes para os participantes, em vez de irem conforme a programação do pesquisador. Isso significa que os dados resultantes podem trazer surpresas. Os participantes podem, por exemplo, levar em consideração em suas deliberações fatores que os pesquisadores não haviam antecipado, e isso pode salientar a relevância para o pesquisador de explicações alternativas para percepções ou comportamentos – ou mesmo de novos paradigmas teóricos, cuja consideração durante a análise pode vir a ser útil. Por exemplo, em nosso estudo sobre tomar decisões a respeito de medicações, não havíamos antecipado que o impacto de se trocar de medicação (e o associado acréscimo de custo aos pacientes) emergiria como um fator que os desencorajava a reportar efeitos colaterais e os levava a continuar com medicações que, ainda que não ideais, ao menos não representam mais gastos. Em continuidade à nossa observação (a partir de grupos focais envolvendo pacientes com diferentes quadros clínicos) de que isso aparentava ser um problema particularmente significante para pacientes que haviam sofrido um ataque cardíaco, convocamos dois grupos focais com pacientes envolvidos em reabilitação cardíaca, e isso gerou mais dados sobre algo que era uma questão altamente saliente para esse grupo de pessoas. Algumas vezes as surpresas advindas de grupos focais podem ser desconcertantes para pesquisadores que, pela exposição a discussões relativamente desinibidas que tendem a ocorrer nos grupos focais, podem ter ganho pela primeira vez uma amostra dos mundos pessoais de indivíduos com trajetórias muito diversas. Isso levou Umaña-Taylor e Cámaca (2004) a aconselhar que, ao executar uma pesquisa transcultural, preparemos a equipe de pesquisa para a eventualidade de se encontrar comentários depreciativos sobre grupos étnicos, incluindo seus próprios.

A natureza semiestruturada dos guias de tópicos (roteiros) (ver Capítulo 6 para uma discussão mais detalhada) permite ao pesquisador focar-se nas questões importantes para aqueles sendo estudados, em vez de enfatizar as percepções ou determinações do pesquisador. Dessa forma, a pesquisa qualitativa em geral – e especialmente a pesquisa com grupos focais – busca elucidar a perspectiva interna, ou "êmica" (Holloway e Wheeler, 1996). Já que os grupos focais permitem *insights* de como as pessoas processam e significam a informação fornecida a elas, eles também são especialmente aptos a desvelar as concepções errôneas dos participantes e como elas podem ocorrer. É por essa razão que os grupos focais têm sido frequentemente usados, com muito sucesso, na avaliação do impacto de campanhas de promoção à saúde (Halloran e Grimes, 1995). Keane e colaboradores (1996) realizaram uma pesquisa sobre as crenças dos afro-americanos a respeito da imunização de crianças, conceitualização de doenças e eficácia das vacinas. Curiosamente, as discussões dos grupos focais no contexto desse estudo revelaram que, enquanto os pais viam a febre como indicador primário de doença, as vacinas eram vistas como causa de doenças em vez de prevenção. Os grupos focais são ótimos para identificar e explorar esses equívocos e suas consequências para o comportamento.

Outro desafio frequentemente apresentado aos pesquisadores que usam grupos focais é o de demonstrar que os participantes estão dizendo "a verdade" (ver Quadro 3.1). Mais uma vez, essa preocupação advém da abordagem positivista e de sua grande dependência de mensurações projetadas para garantir a validade, como o potencial de itens que permitam a verificação cruzada de respostas para inclusão em um questionário. Em contraste, a tradição qualitativa reconhece que a verdade pode – e, de fato, talvez devesse – ser percebida como relativa. Em vez de procurar visão definitiva, a pesquisa qualitativa reconhece a existência de "múltiplas vozes" e muitas

---

QUADRO 3.1 OS GRUPOS FOCAIS PODEM ACESSAR "A VERDADE"?

Eu havia produzido para propósitos de ensino um vídeo de uma discussão de grupo focal sobre o uso que as pessoas fazem dos serviços clínicos gerais "fora de hora", isto é, fora do horário comercial. Um tanto para a minha surpresa – dado que os participantes eram todos voluntários entre meus colegas, em vez de terem sido selecionados com base em interesses particulares que teriam sobre esse assunto – três dos quatro membros do grupo relataram o que eu denominei mais tarde como "histórias de horror". Um participante contou sua experiência de ter recebido penicilina (à qual ela é alérgica) por engano e sua dramática reação a isso, que culminou com ela "tendo uma parada cardíaca e tendo que ser revivida por uma equipe de paramédicos".

Mais tarde, mostrei esse vídeo em uma oficina atendida por vários profissionais de saúde, um dos quais havia evidentemente tido algum envolvimento no episódio a que a participante do grupo focal havia aludido. Essa profissional informou ao grupo que

(Continua)

> (*Continuação*)
>
> ela possuía conhecimentos diretos a respeito desse incidente e que a participante do grupo focal "não havia dito a verdade", acrescentando que isso demonstrava o quão "subjetivos e não confiáveis" eram os dados dos grupos focais.
>
> Minha resposta a isso foi enfatizar que minha preocupação como pesquisadora não era se as pessoas estavam ou não dizendo a verdade, mas tentar entender por que as pessoas contam especificamente tais histórias, ou apresentam suas experiências de um certo modo; ou seja, a tarefa de um pesquisador qualitativo é olhar o que está por trás do conteúdo das histórias, para esclarecer as funções desempenhadas por essas narrações para os participantes. Argumentei que as "histórias de horror" servem para colocar em intenso foco os pressupostos muitas vezes não ditos ou tomados como evidentes – nesse caso, em relação às responsabilidades dos profissionais de saúde. O que é, então, de interesse não é se uma história é verdadeira, mas por que alguém opta por contá-la de um modo em particular.
>
> Também apontei que havia um ar ensaiado na história quando ela foi recontada para os outros membros do grupo: especialmente a pausa antes que a narradora acrescentasse o comentário cuidadosamente elaborando, "[...] então aquilo realmente nos deixou irritados", sugerindo que essa história já havia sido contada – presumivelmente com bons resultados – em ocasiões prévias. Todos nós, acrescentei, embelezamos histórias como parte das nossas interações sociais, e algumas pessoas apreciam mais do que outras desempenhar o papel de narrador. Meu argumento também enfatizou que, se eu devesse proporcionar uma consideração para os profissionais de saúde envolvidos, ela seria apenas mais uma história, contada para sustentar outro argumento e não inerentemente mais "confiável" ou "autêntica" que a apresentação dos eventos feita por essa participante. Não estou certa de que convenci aquela participante da oficina, mas, de qualquer forma, suspeito que ela não terminou fazendo pesquisas com grupos focais.

vezes busca capturá-las, por exemplo, ao iluminar as diferentes preocupações e pressupostos dos profissionais e dos leigos.

Todos os pesquisadores têm que encarar a possibilidade de os respondentes estarem simplesmente nos dizendo o que pensam que queremos ouvir. Esse problema pode ser exacerbado pela pesquisa com grupos focais por causa do medo adicional de desaprovação pelo grupo de pares (Smithson, 2000). Entretanto, essa é uma boa notícia para o pesquisador com um interesse particular em estudar o impacto do grupo de pares na formação de atitudes.

As visões expressas nos grupos focais podem também ser diferentes daquelas expressas fora do contexto de pesquisa. Contudo, fazer grupos focais com equipes preexistentes pode facilitar respostas mais balanceadas e refletidas. Por exemplo, durante uma sessão de grupo focal com uma equipe de atenção primária, um membro explicou em detalhes (em resposta a uma vinheta) como ele fazia para acessar um paciente e decidir o curso de ação a ser tomado. Ele foi desafiado por um colega, que comentou: "Quem foi que acabou de engolir um manual?" (Barbour, 1995). Um bônus para o pesquisador é a possibilidade de os participantes desafiarem abertamente as afirmações uns dos outros a respeito de situações mutuamente acessíveis. Em outro grupo focal realizado durante o mesmo projeto, um membro ria ao contradizer uma "resposta de manual" similar dizendo: "Isso é interessante. Não foi exatamente isso que você fez em relação à Sra. McGregor na semana passada!"

> Nunca saberemos o que os respondentes poderiam ter revelado na "privacidade" de uma entrevista aprofundada, mas sabemos o que estavam preparados para elaborar e defender em companhia de seus colegas. (Wilson, 1997, p. 218)

Vimos, então, que algumas críticas aos grupos focais e aos dados que eles podem proporcionar advêm de uma remanescente associação a pressupostos da pesquisa quantitativa, que são inapropriados quando se considera o potencial dos métodos qualitativos. Mesmo onde os grupos focais são usados apropriadamente, a falta de apreciação de suas capacidades plenas pode levá-los a serem empregados de modo demasiadamente casual, para realizar exercícios de *brainstorming*, por exemplo, o que, ainda que potencialmente esclarecedor, é o mínimo que um grupo focal é capaz de fazer. A falta de preparo, submissão a uma etapa - piloto e refinamento de guias de tópicos (roteiros) levam às mesmas consequências que ocorreriam com uma falta de atenção ao se desenvolver instrumentos na tradição quantitativa - uma pesquisa subótima. (Isso é discutido no Capítulo 6 em relação ao planejamento dos grupos focais.) Voltando-nos aos que são persuadidos do valor dos grupos focais, talvez seja, novamente, o entusiasmo com que os recém-apresentados aos métodos qualitativos em si aderiram a essa abordagem que tem ocasionado um nível de autoconsciência evidente em muitas das tentativas de se localizar os métodos de grupos focais de uma vez por todas dentro de um paradigma em particular, como a "fenomenologia". Muitos desses entusiastas recém-convertidos aos grupos focais não apreciam inteiramente a extensão na qual a pesquisa qualitativa é caracterizada pela discórdia e pelo debate entre proponentes de uma variedade de abordagens, cada um com seu distinto conjunto de pressupostos sobre o que constitui um dado ou um conhecimento e qual é a melhor maneira de se estudá-los - os "fundamentos epistemológicos" de tradições qualitativas similares, mas separadas (Barbour, 1998a).

QUAL TRADIÇÃO QUALITATIVA?

Localizados no meio do caminho entre observação de campo e entrevistas individuais, os grupos focais têm sido descritos como envolvendo um "bisbilhotar estruturado" (Powney, 1988). Entrementes, tem ocorrido um debate intenso sobre exatamente onde os grupos focais se encaixam no *continuum* entre estrutura e espontaneidade. Isso depende em parte de quão ativo é o pesquisador ao direcionar a discussão, mas muitos comentários iniciais sobre os grupos focais salientaram preocupações sobre a artificialidade de um grupo convocado para propósitos de pesquisa (Barbour, 1995). Ainda que alguns estudiosos, como Silverman (1993), considerem que grupos e dados ocorridos artificial ou naturalmente são inerentemente superiores, outros claramente veem a pesquisa com grupos focais como um "primo pobre" das estabelecidas tradições de antropologia e etnografia. Esse último argumento reside na concepção – talvez até no mito – de um pesquisador não diretivo, mas que convenientemente se esquece do uso de entrevistas suplementares feito por antropólogos trabalhando com a tradição clássica e empregando métodos de observação de campo.

Kidd e Parshall (2000) consideram que grupos focais não são substitutos para a pesquisa fenomenológica ou etnográfica. De modo similar, Brink e Edgecombe (2003, p. 1028) defendem "que o propósito da etnografia é mapear, delinear ou descrever a pessoa. [...] A marca da etnografia é o estudo de comportamentos humanos ocorridos naturalmente através da observação [...]. Se o pesquisador cria uma população, a pesquisa não é mais etnografia". Entretanto, essa distinção pode ser forçada demais: mesmo um antropólogo trabalhando com a tradição clássica perguntava alguma coisa ocasionalmente (mesmo entrevistas, como tais, não fossem sempre utilizadas), e aproveita nos *insights* fornecidos pelos informantes mais importantes. É possível que a própria presença do pesquisador possa ter um impacto na pertença do grupo, levantando a questão de até que ponto qualquer grupo que inclua um pesquisador – mesmo como observador não participante – pode ser tido como inteiramente natural.

> Grupos focais podem até ter algumas vantagens sobre os aspectos mais forçados e oportunistas da observação de campo. Qualquer um que já tenha sido um observador se lembrará das muitas horas gastas esperando pelo aparecimento de incidentes relevantes para a pesquisa. Enquanto tal "ficar por ali" pode ser útil em termos de proporcionar um contexto, isso pode ser frustrante ainda assim. Contrastando, Bloor e colaboradores (2001) mantêm que os grupos focais proveem: [...] informações concentradas e detalhadas sobre uma área da vida do grupo que só é ocasional, breve e indiretamente disponível para o etnógrafo com meses e anos de trabalho de campo. (Brink e Edgecombe, 2001, p. 6)

Eles continuam (p. 17):

> Em sociedades modernas tardias nas quais a identidade é reflexiva, mas o comportamento permanece normativo, mesmo que sujeito a uma variedade de influências cada vez mais ampla, os grupos focais proporcionam um recurso valioso para documentar os complexos e variantes processos pelos quais as normas e os significados dos grupos são moldados, elaborados e aplicados. No acesso que eles permitem às normas e aos significados, os grupos focais não são apenas o pouco produtivo do trabalho de campo etnográfico para o pesquisador pressionado pelo prazo: eles são um método majoritário para abordar aqueles tópicos de estudo que são menos abertos a métodos observacionais em sociedades cada vez mais privadas.

Em outras palavras, é a capacidade de injetar alguma estrutura que dá aos grupos focais uma vantagem – em termos de pensar estrategicamente sobre ambientes e a pertença do grupo, além dos vários *insights* possíveis de serem eliciados (em contraste com a prática de realizar observações de campo, que são mais oportunistas). Além disso, se a tarefa da fenomenologia – e, de fato, até certo ponto de toda pesquisa qualitativa – é "tornar estranho o familiar" (Seale, 1999), grupos focais podem absolver o pesquisador disso como uma responsabilidade pessoal, como inegavelmente é para o solitário antropólogo ou o etnógrafo. Convidar participantes a destrinchar suas percepções e experiências pode permitir a eles dividir esse trabalho, explorando seus comentários e *insights* enquanto eles geram dados. Talvez, de fato, seja o pesquisador que esteja sendo fortalecido – ou, no mínimo, recebendo uma ajuda pelos respondentes.

VALOR AGREGADO PELO USO DE GRUPOS FOCAIS

Os grupos focais proporcionam uma oportunidade de gerar dados que são bons candidatos à análise pela abordagem do interacionismo simbólico, que enfatiza a construção ativa do significado. Assim como Seale (1999) aponta, o interacionismo simbólico era associado a versões preliminares da abordagem qualitativa, que enfatizava os aspectos ativos da vida social humana. Essa abordagem, de acordo com Blumer (1972, p. 184; parênteses no original), supõe:

> [...] que a sociedade humana é feita de indivíduos que possuem *selfs* (ou seja, fazem indicações a si mesmos); que a ação individual é uma construção e não uma liberação, sendo construída pelo pensamento individual, tomando consciência e interpretando aspectos da situação na qual ele age; que ações grupais ou coletivas consistem no alinhamento de ações individuais, ocasionadas pelos indivíduos, interpretando ou levando em consideração as ações uns dos outros.

Essa foi a abordagem desenvolvida pelo que atualmente é considerada a "Escola de Chicago" dos sociólogos. Trabalhando nos Estados Unidos durante o período que se seguiu à Segunda Guerra Mundial, eles eram comprometidos com a ideia das ações humanas como advindas da construção ativa do significado, através da interação em grupos com outras pessoas relevantes. Era pela interação que os conceitos eram interrogados, preocupações divulgadas, significados conferidos e princípios para visões e comportamentos desenvolvidos. O interacionismo simbólico saiu um pouco de moda nos anos recentes, tendo sido suplantado por uma ênfase na "fenomenologia". Ambos, entretanto, concentram-se no processo de interação e construção ativa do significado. Vendo a linguagem como uma forma de ação social (Burr, 1995) e prestando ainda mais atenção para a sequência e estrutura da fala, a análise de conversação também vê a interação como um meio de estudo que permite ao pesquisador o acesso à construção do significado e à ação social sendo executada. Puchta e Potter (2004, p. 9) explicam: "Analistas de conversação em particular têm argumentado que conversas comuns, conversas mundanas, o tipo de diálogo cotidiano que temos uns com os outros são fundamentais para o entendimento de todo tipo de interação mais especializada. [...] Conversar é [...] um recurso que usamos para desempenhar uma enorme variedade de tarefas práticas da vida".

O interacionismo simbólico e a análise de conversação têm sido alvos de críticas (por Giddens, 1993, entre outros) por privilegiar ideias de agência (a capacidade dos indivíduos de efetiva ação e mudança) em detrimento das ideias estruturais (o contexto mais amplo e as disposições que afetam ou limitam as possibilidades de ação) (Callaghan, 2005). Isso significa que eles têm sido criticados por concentrarem-se no "micro" ao invés de no "macro" e ignorarem a relação entre os dois. Essas abordagens, portanto, algumas vezes têm sido vistas como proporcionando *insights* detalhados do trivial, sem a capacidade de oferecer uma explicação de como esses processos impactam a sociedade em um nível mais elevado do que o do pequeno grupo. Seale (1999, p. 39; comentários em parênteses acrescentado) continua:

> Na maior parte das vezes, a alternativa qualitativa tem sido apresentada como um veículo para responder a questões sobre o que está acontecendo em um ambiente em particular ou como as realidades da vida cotidiana são realizadas. A questão do por que as coisas acontecem do jeito que acontecem é abordada mais raramente como um projeto explícito, ainda que um lugar para isso na pesquisa qualitativa esteja sendo cada vez mais defendido, enquanto a ameaçadora sombra do determinismo (ou a busca por causas e regras subjacentes) aparentemente recuou.

Eu diria que os grupos focais, se usados judiciosamente, podem efetivamente atingir essa importante lacuna no entendimento. Apesar dos muitos projetos que restringem a análise dos dados dos grupos focais ao puramente descritivo, uma abordagem mais rigorosa e investida teoricamente também pode, potencialmente, prover uma explicação. A linguagem e a declaração de Seale sobre o problema remete à consideração frequentemente citada de Morgan (1988, p. 25): "Grupos focais são úteis quando se trata de investigar o que os participantes pensam, mas eles são excelentes em desvendar por que os participantes pensam como pensam". Esse nível mais elevado de entendimento, entretanto, não surge magicamente por meio de alguma propriedade inerente às discussões de grupo focal: para os grupos focais fazerem a contribuição mais completa possível, é necessário o engajamento ativo do pesquisador. Uma abordagem amplamente construcionista (Berger e Luckmann, 1966) é a mais promissora para encurtar a lacuna identificada por Seale, uma vez que ela permite ao pesquisador combinar a atenção ao micro da interação proposta pelo interacionismo simbólico com os elementos mais macros (levando em consideração o social, o econômico, o político e o contexto normativo) em que os dados estão sendo gerados e que devem ser levados em conta durante suas análises. Isso está de acordo com a abordagem defendida por Gersen (1973), que destacou que os fenômenos são específicos a um tempo, lugar e cultura particulares, propondo o que ele chamava de uma "psicologia histórica social".

O projeto de uma pesquisa - e a amostragem em particular - proporciona o mecanismo pelo qual isso se torna possível (ver Capítulo 5 para uma discussão mais completa das estratégias de amostragem). Uma amostragem bem pensada pode tornar os grupos focais uma ferramenta particularmente efetiva para interrogar a própria relação entre agência e estrutura. De acordo com Berger e Luckmann (1966, p. 151), o mundo social objetivo é mediado por pessoas significativas que "modificam [este mundo] no decurso de mediá-lo. Elas selecionam aspectos do mundo de acordo com a sua própria localização na [...] estrutura social e também em virtude de suas idiossincrasias individuais e biograficamente enraizadas". Além de argumentarem que pessoas juntas criam fenômenos sociais, Berger e Luckmann também referiram que estes são sustentados por práticas sociais.

Outros escritores (como Burr, 1995), explorando o potencial do construcionismo social, passaram a enfatizar o papel da ideologia na conexão dos processos de interação individual e grupal com as preocupações e os processos sociais mais amplos, portanto, localizando a subjetividade em seu contexto social. Callaghan (2005) argumenta que os grupos focais podem dar aos participantes a oportunidade de simultaneamente administrarem suas identidades individuais e fazerem uma representação coletiva para o pesquisador, consequentemente provendo *insights* valiosos da construção de significados e dos seus impactos na ação. Ela prossegue explicando que "grupos focais cuidadosamente selecionados podem acessar conhecimentos que incorporam o *habitus* da comunidade mais ampla". O termo *habitus* foi cunhado por Bourdieu e refere-se a "disposições" ou lentes através das quais os indivíduos veem o mundo, que são "socialmente constituídas" e "adquiridas" (Bourdieu, 1990). Bourdieu elabora ainda mais as capacidades "gerativas", "criativas" e "inventivas" do *habitus* (Bourdieu, 1999), enfatizando a flexibilidade do conceito. De acordo com Callaghan (2005), o processo envolvido nesse empreendimento criativo pode ser melhor esclarecido por meio da amostragem estratégica para permitir ao pesquisador explorar a formação de padrões em relação às categorias sociais e culturais, como idade, gênero, etnicidade e classe social.

O uso de modelos teóricos pode, é claro, estar limitado pelo modo pelo qual os dados são registrados e/ou transcritos. A análise de conversação, por exemplo, requer que as transcrições sejam produzidas de acordo com convenções específicas (ver Silverman, 1993; Myers e Macnaghten, 1999; Puchta e Potter, 2004; Rapley, 2007). Decisões sobre a transcrição são discutidas mais adiante, no Capítulo 4, que considera o projeto de uma pesquisa. Mais uma vez, é essencial que essa seja uma questão na qual o pesquisador pense durante o estágio de planejamento da pesquisa; é importante não deixar a questão da abordagem teórica para mais tarde, enquanto se espera para ver que dados são gerados e quais temas "emergem". Tal como Miller (1997, p. 6) aponta, "algumas das mais importantes possibilidades interpretativas dos estudos qualitativos são estabelecidas antes da coleta de dados". Isso diz respeito particularmente às decisões de amostragem, que proporcionam a chave para as comparações que poderão ser feitas (ver Capítulo 5) e também, de forma importante, à extensão na qual será possível compreender os padrões identificados durante a análise (gerando vantagem analítica – ver Capítulo 10).

PONTOS-CHAVE

- Os grupos focais se encaixam no paradigma geral da pesquisa qualitativa.
- Diferenças entre as várias abordagens à pesquisa qualitativa algumas vezes são sobre-enfatizadas – por exemplo, em relação ao debate sobre dados e ambientações naturalistas, comparados aos artificiais.
- Grupos focais são um método versátil e podem ser utilizados de diferentes maneiras, dependendo da tradição qualitativa específica informando o estudo em questão.
- Se usados com seu potencial máximo, os grupos focais têm condições de transcender os objetivos mais limitados de proporcionar descrições e podem fornecer explicações, dado que seja dedicada a devida atenção ao planejamento da pesquisa e, em particular, à amostragem.

Os grupos focais são consideravelmente promissores quanto a encurtarem as perenes lacunas nas ciências sociais entre a agência e as estruturas. Também têm o potencial único de combinar estrutura e espontaneidade, se forem usados judiciosamente, com a devida atenção ao projeto de pesquisa e à amostragem. É à primeira dessas questões – planejamento de pesquisa – que o próximo capítulo se dirige.

☑ LEITURAS COMPLEMENTARES

Estes trabalhos aprofundarão seus conhecimentos sobre os conteúdos trabalhados neste capítulo:

Bloor, M., Frankland, J., Thomas, M. and Robson, K. (2001) *Focus Groups in Social Research*. London: Sage.

Kidd, P.S. and Parshall, M.B. (2000) 'Getting the focus and the group: enhancing analytical rigor in focus group research', *Qualitative Health Research*, 19(3): 293-308.

Seale, C. (1999) *The Quality of Qualitative Research*. London: Sage.

4
PROJETO DE PESQUISA

Objetivos do capítulo

Após a leitura deste capítulo, você deverá:

- compreender a lógica por trás da decisão entre entrevistas e grupos focais;
- conhecer as vantagens e os problemas de se usar grupos focais em abordagens de método misto e na triangulação;
- saber mais sobre questões de planejamento, como o recrutamento de participantes e a combinação do moderador com o grupo.

Este capítulo delineia as várias opções de organização (ver Flick, 2007a, para mais detalhes) envolvidas no planejamento de pesquisas, incluindo quando é o caso de se fazer uso de grupos focais ou de entrevistas individuais e quando usar apenas grupos focais ou utilizá-los como parte de uma abordagem de método misto. Ele fornece um guia sobre como pesar as alternativas e examina criticamente tanto os pontos fortes quanto as fraquezas de projetos de método misto. Afirmações a respeito da "triangulação" também são investigadas, e é argumentado que uma combinação de métodos produz dados paralelos, que deveriam ser utilizados para esclarecer diferenças em foco ou em ênfase, em vez de serem valorizados por sua capacidade de corroborar achados produzidos usando vários meios de geração de dados. Mais uma vez, a capacidade dos grupos focais de facilitar as comparações e proporcionar *insights* que não seriam fornecidos por outros métodos é vista como sua maior contribuição. O foco do capítulo, então, se dirige ao planejamento das sessões de grupo focal. A segunda metade do capítulo considera a importância do ambiente de pesquisa, oferece dicas sobre o recrutamento e discute questões, inclusive considerações éticas, a respeito de se combinar os moderadores com os grupos.

DECISÃO DE QUANDO UTILIZAR ENTREVISTAS INDIVIDUAIS OU GRUPOS FOCAIS

Não existem regras prontas que determinem se são os grupos focais ou as entrevistas individuais os mais apropriados e, uma vez mais, as respostas consistem em medir os prós e os contras em relação a cada novo projeto. Alguns respondentes, se dada a escolha, dirão que se sentem mais confortáveis falando com um pesquisador pessoalmente e seriam relutantes a frequentar uma sessão de grupo. Para outros, no entanto, pode haver segurança na companhia de mais pessoas, e vir a uma discussão de grupo focal pode aliviar as preocupações que alguns indivíduos têm de que eles "não têm nada de interessante" a contribuir para a pesquisa. Grupos focais também podem ser uma opção atraente para aqueles que de outra forma são isolados ou para os que anseiam pela oportunidade de falar com outras pessoas que se encontrem na mesma situação que eles – especialmente quando não há grupos de apoio relevantes disponíveis. Ainda que seja obviamente importante não enfocar as inseguranças e necessidades insatisfeitas das pessoas, deveríamos estar atentos ao fato de que os participantes de pesquisas têm todo tipo de razões para concordarem em participar de pesquisas, e certamente não faz mal que os grupos focais proporcionem um suporte tão necessário, ainda que como subproduto (Jones e Neil-Urban, 2003).

Discuti anteriormente a tendência de alguns pesquisadores que usam grupos focais de empregar esse método a partir da crença errônea de que ele proporciona um atalho para o levantamento de dados. De maneira similar, grupos focais muitas vezes são usados quando se supõe que entrevistas individuais seriam muito onerosas ou demandariam tempo demais. Tal visão dos grupos focais, entretanto, não leva em consideração o tempo adicional e o esforço necessário para convocar grupos de acordo com os requisitos da amostragem e a logística do planejamento das sessões. Esse uso torna-se aparente, quando observamos os modos em que os dados de grupos focais e as citações de indivíduos são apresentados. Ainda que isso possa, em parte, ser um resultado de limites estritos de palavras empregadas por alguns periódicos, isso frequentemente revela uma tentativa de pressionar os grupos focais para servirem de "plano B" em relação a entrevistas.

Dentro da tradição de pesquisa que procura fornecer uma janela à experiência subjetiva dos respondentes, não é incomum encontrar pesquisadores que fizeram uso dos grupos focais para eliciar narrativas como, por exemplo, Côte-Arsenault e Morrison-Beedy (1999) e Cox e colaboradores (2003). Todavia, eu diria que entrevistas individuais geralmente são mais indicadas para se obter histórias detalhadas e contextualizadas. Se o foco da pesquisa é como as pessoas constroem e reconstroem suas histórias, entretanto, grupos focais possivelmente facilitarão a discussão e o destrinchamento do repensar envolvido. Se o pesquisador escolherá os grupos focais ou as entrevistas individuais nesse último caso dependerá consideravelmente de sua concepção do processo de pesquisa e do papel do pesquisador nele.

Ainda que parte da tarefa do pesquisador seja "problematizar" ou trazer uma perspectiva crítica a respeito das afirmações produzidas em entrevistas individuais (Atkinson, 1997), em vez de simplesmente tomá-las como prontas, os grupos focais quase inevitavelmente encorajam esse discurso questionador. Isso se dá porque, mesmo com a observada tendência dos grupos focais de terminarem em consenso (Sim, 1998), é altamente improvável que os participantes concordarão desde o início em definições e respostas. Que os grupos focais gravitem em torno da produção de um consenso é irrelevante se o foco do pesquisador estiver no processo de se chegar ao consenso, que é quando os grupos focais são mais frutíferos.

O melhor conselho é considerar cuidadosamente o que você está esperando realizar com o uso dos grupos focais ou das entrevistas individuais – para visualizar o provável estilo e conteúdo da troca. Isso ajudará a decidir qual é o método mais apropriado. Aqui é importante não se intimidar pelas escolhas dos outros pesquisadores. Simplesmente porque outros favorecerem entrevistas individuais não quer dizer que os grupos focais são inapropriados; de fato, usar um método diferente pode permitir que você faça uma contribuição original para o campo de conhecimento de sua disciplina, a partir do destaque de aspectos previamente inexplorados da questão envolvida, por exemplo, ao esmiuçar a lógica por trás de certos tipos de comportamentos ou crenças.

Ao conduzirmos um estudo das visões e experiências de pacientes sobre a administração da obesidade em uma clínica geral, optamos por utilizar entrevistas individuais em vez de grupos de focos (Guthrie e Barbour, 2002). Essa escolha foi baseada em nossa preocupação de que os participantes, muitos dos quais haviam se envolvido em programas comerciais de emagrecimento, poderiam entrar em "modo Vigilantes do Peso" quando apresentados à situação de grupo. Isso poderia, é claro, ter sido muito útil se estivéssemos particularmente interessados em examinar o papel dos processos grupais na administração do peso. No entanto, nosso foco naquela ocasião eram as dificuldades situacionais experimentadas pelos indivíduos enquanto tentavam integrar a administração da obesidade no contexto de suas rotinas diárias, e consideramos que entrevistas eram o método que mais provavelmente eliciaria o tipo de considerações individualizadas que estávamos buscando.

Ao decidir quanto ao uso de entrevistas individuais ou grupos focais, é importante lembrar que os grupos focais fornecem dados que são diferentes também em conteúdo daqueles gerados pelas entrevistas individuais.

Em resumo, não há princípios norteadores universais, salvo a orientação de se pesar os prós e os contras dos grupos focais e das entrevistas individuais para cada novo projeto e contexto (ver também Flick, 2007a, 2007b; Kvale, 2007). Crabtree e colaboradores (1993, p. 139-140) resumem:

> [...] a escolha do estilo de pesquisa para um projeto em particular depende dos objetivos finais da pesquisa, da finalidade específica da análise e sua questão de pesquisa associada, do paradigma utilizado, do grau desejado de controle de pesquisa, do nível de intervenção do investigador, da disponibilidade de recursos, do prazo e de questões estéticas.

✓ ABORDAGENS DE MÉTODO MISTO

Alguns pesquisadores combinaram com sucesso entrevistas individuais e discussões de grupos focais. Essa foi a abordagem usada em um estudo sobre as experiências e percepções de profissionais sobre a altamente controversa questão dos "testamentos em vida" (Thompson et al., 2003a, 2003b). Nossa lógica era baseada no reconhecimento das barreiras práticas para alguns indivíduos em termos de comparecer a sessões de grupos focais quando poderiam estar trabalhando à noite, por exemplo. Entretanto, havia também certos indivíduos cujas opiniões sobre esse tópico já eram conhecidas pelos pesquisadores e seu grupo de colegas profissionais, já que eles eram defensores entusiastas de argumentos tanto contra quanto a favor dessa abordagem. Embora incluir essas pessoas nas discussões de grupo, sem dúvida, tivesse estimulado o debate, era bem provável que a contribuição de indivíduos fervorosos fosse relegar as dos outros ao segundo plano, e que alguns participantes pudessem se sentir intimidados quanto a expressar suas próprias opiniões, que provavelmente não eram tão definidas ou tão bem preparadas.

Mais uma vez, não há regras prontas sobre quando é apropriado misturar entrevistas e grupos focais; é simplesmente uma questão de pesar as restrições e as possibilidades do projeto de pesquisa específico. Pollack (2003, p. 472), entretanto, sugere que "uma mistura de discussões de grupo focal com entrevistas individuais é mais apropriado em pesquisas transculturais ou transraciais e em instituições correcionais, onde questões de poder e de exposição são amplificadas".

Apesar de geralmente estarem colocados em lados opostos da divisão positivista-interpretativista/construcionista, vários pesquisadores têm defendido que os grupos focais e os levantamentos por questionários são métodos complementares úteis e não deveriam ser vistos como abordagens mutuamente excludentes (Wolff et al., 1993). A ênfase recente na avaliação dos serviços de saúde baseada no paciente tem levado a um rápido crescimento em medidas de qualidade de vida (Bowling, 1997), que procuram acessar as preocupações que são identificadas pelos pacientes como as mais importantes, em vez de se concentrarem nas questões avaliadas pelos profissionais de saúde como importantes (Thomas e Miller, 1997). Exemplos desse uso dos grupos focais incluem o trabalho com o desenvolvimento de avaliações de resultado centradas nos pacientes a respeito da saúde pós-parto (Kline et al., 1998) e no desenvolvimento de uma medida de qualidade de vida para adolescentes com epilepsia (McEwan et al., 2003).

Como pode ser esperado, no entanto, há desacordo sobre a aceitabilidade de se combinar abordagens quantitativas e qualitativas dessa forma. Nicolson e Anderson (2001) descrevem seu uso de métodos qualitativos para fornecer um entendimento sociológico da experiência do paciente, "demonstrando os modos pelos quais os indivíduos negociam um significado e se relacionam com esse significado para suas experiências da doença [nesse caso, esclerose múltipla] dentro do contexto de suas próprias biografias, assim como compartilham experiências em comum com outros em situações semelhantes" (Nicolson e Anderson, 2001, p. 268). Eles distinguem essa abordagem sociológica de estudos que visam a usar tais achados para "um objetivo final no qual esse material é lapidado para se tornar válido, confiável e atingir dimensões e fatores mensuráveis (um modelo positivista e reducionista)" (p. 255), encarando essas abordagens como incompatíveis. Argumentos como esses inevitavelmente tocam nas disputas de fronteira que caracterizam a atormentada arena da colaboração interdisciplinar. Ainda que existam muitos que podem compartilhar das visões apresentadas acima, também há uma forte defesa das abordagens de método misto na pesquisa com serviços de saúde (Barbour, 1999b). Além disso, as duas abordagens não precisam ser mutuamente excludentes: um foco no objetivo final de informar o desenvolvimento de uma escala de qualidade de vida não precisa comprometer a profundidade ou sofisticação teórica do componente qualitativo do estudo. Isso é demonstrado pelo trabalho de McEwan e colaboradores (2003). (Esse estudo é discutido de forma mais detalhada no Capítulo 8, a respeito do desenvolvimento e refinamento das codificações de categorias durante o processo de análise.)

Há também exemplos de abordagens de método misto que utilizam grupos focais seguindo a fase quantitativa da pesquisa para esclarecer resultados, ou seja, transformar esses "achados" ao fornecer explicações, particularmente no que diz respeito a associações surpreendentes ou anômalas identificadas na primeira parte do estudo (ver Quadro 4.1).

QUADRO 4.1 UM EXEMPLO DO USO CRIATIVO DE MÉTODOS MISTOS

Wilmot e Ratcliffe (2002) reportam sua experiência com o uso de grupos focais para esclarecer achados de levantamentos. O estudo deles era relacionado a princípios de justiça distributiva utilizados por membros do público quanto à distribuição de fígados de doadores para transplantes. Em comum com outros estudos nessa área, dados quantitativos haviam sido coletados por meio de um levantamento por questionário, no qual utilizados contextos hipotéticos de escolha para investigar as preferências dos informantes a respeito da distribuição de órgãos doados. Entretanto, Wilmot e Ratcliffe reconheceram a limitação desses dados, que não "permitem ao investigador identificar o modo pelo qual os informantes explicam e justificam suas escolhas particulares" (2002, p. 201). Por meio da discussão de grupo focal, eles buscaram proporcionar um entendimento aprofundado dos argumentos e explicações usados na "justificativa e determinação das decisões de distribuição e os argumentos éticos e morais expressados" (2002, p. 201).

Com base em uma lista de critérios de pacientes (prognóstico esperado depois da operação; idade do paciente; a responsabilidade do paciente por sua doença; duração do tempo na lista de espera; se o paciente está recebendo o transplante pela primeira vez ou se está sendo retransplantado) demonstrados pela pesquisa quantitativa como sendo fatores significativos na determinação das atitudes do público quanto à distribuição de doadores, esses pesquisadores criaram cinco cenários hipotéticos, os quais foram usados para gerar discussões em grupos focais. Depois disso, os membros dos grupos focais receberam mais informações a respeito do contexto social dos hipotéticos indivíduos apresentados para que fosse possível explorar o impacto de informações circunstanciais adicionais nas suas respostas. Os achados salientaram que a relação entre a lógica dos participantes e os três princípios fundamentais de equidade, eficiência/utilidade e mérito era mais complexa do que o esperado. Ainda que eles fossem mais receptivos a alguns critérios do que a outros, eles identificaram dificuldades em aplicar cada um dos critérios estudados. O estudo proporcionou *insights* de como membros do público se envolviam reflexiva e flexivelmente com os critérios.

TRIANGULAÇÃO

Uma razão frequentemente destacada – ao menos em grandes propostas – para o emprego de um projeto de método misto é o objetivo de "triangulação" (ver também Flick, 2007b). No entanto, isso é repleto de dificuldades, mesmo ao se trabalhar exclusivamente dentro da tradição quantitativa ou da qualitativa (Barbour, 1998a, 2001). A ideia por trás da "triangulação" é que os dados produzidos pela aplicação de diferentes métodos podem ser comparados para confirmar ou contradizer os resultados uns dos outros. O problema, contudo, diz respeito a como explicar discrepâncias ou contradições. A noção de "triangulação" – extraída da navegação e de práticas de inspeção – se fia na ideia de um ponto fixo de referência, envolvendo uma hierarquia de evidências, e presume a concordância entre pesquisadores sobre qual método é tido como de maior *status* em termos de produzir os achados mais "autênticos" ou confiáveis.

Curiosamente, dentro do paradigma qualitativo, esse *status* de "padrão" tende a ser designado às entrevistas individuais (Silverman, 1993), contra o que os dados produzidos pelos grupos focais são geralmente comparados. Incidentalmente, é interessante notar que as entrevistas individuais envolvem uma relação um tanto rara (difícil de ser encontrada fora da situação de pesquisa, talvez mais próxima de uma sessão de terapia ou dos primeiros estágios dos cortejos), e se alguém devesse avaliar que tipos de dados tendem mais a fornecer um acesso privilegiado às construções sociais de significado da "vida real", eu apostaria nos grupos focais. Em vez de ser capturado em um debate insolúvel sobre qual base de dados é mais "autêntica", é útil encarar os grupos focais e as entrevistas individuais – ou, de fato, qualquer outra forma de coleta de dados qualitativa ou quantitativa – como produzindo bases de dados paralelas. Tal abordagem permite ao pesquisador aproveitar o potencial comparativo de várias bases de dados, em vez de ser capturado por tentativas de estabelecer uma hierarquia de evidência.

Enquanto a preocupação dos pesquisadores quantitativos que apelam para a "triangulação" é a corroboração ou confirmação dos resultados produzidos usando diferentes métodos, a pesquisa qualitativa prospera analiticamente com as diferenças e discrepâncias. É concentrando-se nesses elementos que podemos nos beneficiar mais da comparação de dados de bases de dados paralelos. Em vez de sofrer encarando os achados contraditórios como um problema, deveríamos estar preocupados em usar isso como um recurso. Como Morgan (1993, p. 232; ênfase minha) defende, "se os achados de uma pesquisa diferem entre os resultados advindos de entrevistas individuais e em grupo, o objetivo metodológico deve ser o entendimento das fontes dessas diferenças".

Os grupos focais proporcionam *insights* de discursos públicos (Kitzinger, 1994), e as visões expressas nos grupos focais podem, é claro, ser diferentes das visões "privadas" que seriam expressas em entrevistas individuais (Smithson, 2000). Michell (1999) comparou afirmações "públicas" e "privadas" sobre experiências do mundo social de jovens produzidas por entrevistas e por grupos focais e interrogou diferenças, usando as duas bases de dados para viabilizar lentes alternativas, através das quais se poderia ver a situação em questão. Ela utilizou comparações de dados paralelos para explorar as experiências da estrutura hierárquica dos grupos de pares nas escolas e no bairro. A autora salienta o "valor agregado" do uso desses dois métodos complementares para possibilitar *insights* tanto do processo quanto das experiências de *bullying* e de vitimização.

Essa é a abordagem favorecida por Richardson (citado por Denzin e Lincoln, 1994), que defende o uso do termo "cristalização" em vez de "triangulação". Ela prefere essa imagem, segundo explica, porque enfatiza o valor de se olhar simultaneamente para a mesma questão ou conceito a partir de uma variedade de ângulos diferentes. Métodos qualitativos são especialmente adeptos a capturarem as múltiplas vozes dos diferentes agentes envolvidos em algum aspecto do comportamento social (p. ex., pacientes, cuidadores e profissionais). Se ficamos intrigados, em vez de preocupados, quando afirmações desses vários "jogadores" esclarecem as situações bastante diversas em que eles se encontram e as diferentes preocupações que trazem ao discutirem tópicos, por que deveríamos reagir diferentemente quando métodos complementares produzem *insights* adicionais?

Tanto quanto pensar sobre como usar métodos complementares para garantir que vozes importantes não sejam emudecidas em nossos empreendimentos de pesquisa, pensar cuidadosamente sobre a seleção de nossos métodos também proporciona uma oportunidade de antecipar a análise. Se encararmos os métodos complementares como produzindo bases de dados paralelas, com potencial para comparações instrutivas, há algum mérito em se trabalhar de trás para frente a partir desse ponto para considerar qual método complementar pode proporcionar uma melhor oportunidade para tal comparação. Ainda que eu tenha discutido aqui, extensivamente, as vantagens de se combinar grupos focais e entrevistas individuais (que são primos próximos e derivam de abordagens epistemológicas similares), vimos que há um conjunto de possibilidades muito maior, algumas das quais incluem combinar grupos focais com métodos quantitativos (ver Flick, 2007b).

AMBIENTES DE PESQUISA

Os pesquisadores que usam grupos focais também precisam ser flexíveis em relação ao espaço onde eles realizam os grupos focais para poderem maximizar a participação. É improvável que haja um ambiente que seja universalmente aceito por todas as pessoas que alguém queira envolver em sua pesquisa. É importante ter em mente a visão parcial que pode ser refletida ao se utilizar um leque de ambientações muito pequeno.

Algumas vezes a escolha de ambientes é limitada, tanto em função da disponibilidade quanto do custo das opções interessantes, e o pesquisador talvez tenha que sacrificar certas preferências. É importante, entretanto, considerar o provável impacto de localizações específicas nos participantes e no foco dos dados que tenderão a ser gerados. Enquanto pesquisadores clínicos podem não reparar na presença de armadilhas como pôsteres um tanto assustadores, o impacto nos pacientes não deve ser subestimado. Todavia, há muito que o pesquisador possa fazer para compensar um ambiente aquém do ideal, tal como garantir que questões específicas e materiais de estímulo sejam incluídos no guia de tópicos para desviar a discussão de associações ao ambiente escolhido aos tópicos mais relevantes para a pesquisa sugerida. Quebra-gelos, como a apresentação de recortes de tabloides ou excertos de novelas de televisão, também podem ser úteis, particularmente em situações nas quais os participantes podem, por exemplo, estar frequentando um departamento universitário pela primeira vez. O uso de materiais acessíveis como esses pode lembrá-los de que as discussões não serão determinadas por preocupações distantes, bem como permite que eles se baseiem nos produtivos recursos advindos de suas vidas e interesses diários.

Em um artigo publicado no *British Medical Journal*, Jones e colaboradores (2000) reportam que grupos focais de pacientes, realizados para discutir planos guiados de autocuidado com a asma, foram conduzidos em uma variedade de locais convenientes, incluindo escolas, clínicas, bares e o hospital comunitário local. Isso resultou na ocorrência de discussões acaloradas na seção de cartas da mesma revista, com Cleland e Moffat (2001) defendendo que a realização de grupos focais em um bar é uma prática dúbia e provavelmente influencia o conteúdo das discussões. Entretanto, isso sugere que existiria algo como uma localização neutra ou ideal, o que é ilusório (Kitzinger e Barbour, 1999). Naturalmente, a localização exerce certa influência na discussão, e é importante considerar as conotações que uma localização em particular possa ter para os participantes. Bloor e colaboradores (2001, p. 38-39) reconhecem que um bar não seria uma ambientação recomendável para alguém buscando recrutar participantes com problemas de alcoolismo. Seria incomum, no entanto, para um estudo que utilizasse um conjunto criativo de ambientes, que não fosse dado aos participantes alguma escolha sobre esse assunto. Para retornar à questão do impacto nos dados gerados, em vez de as conotações associadas com ambientações específicas serem vistas como necessariamente problemáticas, ter consciência delas pode significar uma contribuição significativa para a análise. Pesquisadores experientes deveriam ser capazes de usar isso de maneira construtiva, como um recurso de análise, e certamente discutir questões que impactam a vida diária de cada um; no bar local, muito provavelmente serão produzidos dados relevantes aos indivíduos que optaram, no final das contas, por comparecer a tal sessão. Realizar grupos focais em diferentes ambientações pode proporcionar possibilidades adicionais de comparação e, portanto, esclarecimentos dos processos que buscamos entender.

Mais uma vez, em vez de ser visto como uma limitação na pesquisa com grupos focais, inserir uma variedade de ambientes no projeto de pesquisa pode fortalecer o seu potencial comparativo, por meio das diferenças que essa estratégia ocasiona constituindo-se um recurso de análise, em vez de um problema.

COMBINANDO O MODERADOR COM O GRUPO

A personalidade do pesquisador causa um impacto na forma e no conteúdo dos dados eliciados de grupos focais, assim como ocorre em todos os outros métodos qualitativos. É a esse aspecto do empreendimento de pesquisa que os estudiosos estão aludindo quando se referem ao conceito de "reflexividade", que envolve reconhecer os meios pelos quais o pesquisador contribui ativamente para os dados que está gerando. Existe o perigo, naturalmente, de se enfatizar demais as considerações que detalham as respostas e os sentimentos do pesquisador, o que pode resultar na "reflexividade espiralar" discutida por Barbour e Huby (1998), que mais alivia as inseguranças e os desconfortos do pesquisador do que contribui para uma análise fundamentada teoricamente. Entretanto, quando usada para prover uma outra janela para o encontro de pesquisa e os dados daí resultantes, a "reflexividade" pode ser uma ferramenta valiosa de análise em termos do exame crítico da natureza e do impacto das relações de pesquisa. (A reflexividade e a vantagem analítica que isso proporciona são discutidas mais integralmente no Capítulo 10.)

Um problema em particular para os pesquisadores que são identificados como profissionais de saúde é a possibilidade de os respondentes buscarem aconselhamento com eles, o que pode levantar questões éticas. Isso normalmente pode ser resolvido ao se dar aos participantes a oportunidade de fazer questões específicas no final da sessão ou, de fato, pelo fornecimento de panfletos informativos, o que é uma boa prática ao se pesquisar qualquer situação em que possa haver lacunas no conhecimento das pessoas ou nas redes de suporte. Todavia, as expectativas e motivações dos respondentes para tomar parte na pesquisa podem ser complexas. Revisando suas experiências de realizar grupos focais sobre tratamentos de fim de vida com idosos vulneráveis, Seymour e colaboradores (2002, p. 520) reconhecem que "usar um contexto clínico como uma identidade foi valioso para situar nossa pesquisa, construir *rapport* e confiança com os participantes em potencial, mas ocasionou algumas dificuldades". Eles reportaram que alguns dos idosos frágeis participantes que eram solitários tendiam a considerar os membros da equipe de pesquisa como potenciais cuidadores.

Diferentes moderadores podem gerar dados que são diferentes em conteúdo e forma. Por exemplo, Edwards e colaboradores (1998) comentaram que o uso de um clínico geral como moderador em um grupo focal de enfermeiras pode resultar em respostas no estilo de "manuais", graças às diferenças de poder entre membros de equipes de atenção primária, e que pode ter levado as enfermeiras a se sentirem intimidadas pelos questionamentos. Portanto, é importante considerar o provável impacto de um moderador em particular e a combinação entre as características desse indivíduo – ou as características percebidas (Kitzinger e Barbour, 1999) – e o grupo ao qual ele ou ela será designado. Nem sempre podemos antecipar todos os papéis que os participantes podem atribuir aos pesquisadores, mas podemos empreender algum esforço para minimizar danos potenciais ou extrair benefícios de certas vantagens.

Alguns pesquisadores escolhem trabalhar em pares para aproveitar as características de vários membros da equipe de pesquisa, tal como fizeram Burman e colaboradores (2001), cuja equipe de pesquisa era composta por pessoas de uma grande variedade de idades. Uma vez que a pesquisa deles sobre violência envolvia estudar meninas adolescentes, a presença de uma jovem integrante da equipe que vestia roupas "da moda" foi fundamental para o estabelecimento de *rapport* e de credibilidade aos olhos das meninas, enquanto o envolvimento de um pesquisador mais velho serviu para lembrar aos participantes que se tratava de uma pesquisa séria. Outros pesquisadores, como Gary e colaboradores (1997), que realizaram pesquisas com crianças em idade escolar a respeito do hábito de fumar, refletiram sobre o impacto do gênero do moderador no conteúdo dos dados gerados. Considerando a extensão na qual uma moderadora mulher pode ter contribuído para uma retratação de "formas hipermasculinas de identidade" pelos homens que participaram do projeto de pesquisa, Allen (2005, p. 51-52) conclui que o impacto do gênero nos dados gerados está longe de ser simples, uma vez que outros fatores ainda mais importantes entram em jogo, como demonstrar sensibilidade e um interesse genuíno da parte do pesquisador. Esse tópico é revisado no Capítulo 8, onde considerações detalhadas são dadas à coprodução de dados em grupos focais, com o moderador desempenhando um papel ativo.

Entretanto, assim como pode ser contraproducente selecionar um grupo que é homogêneo demais, também pode ser problemático escolher um moderador que seja "um deles". Hurd e McIntyre (1996) apontam que pode haver "sedução na uniformidade", em que o pesquisador compartilhe pressupostos demais com o grupo, tornando-o impossibilitado de submetê-los a uma análise crítica. Contudo, o uso de um moderador que seja, em alguns quesitos, "de fora" pode ajudar a eliciar explicações que sirvam para contextualizar os dados sendo gerados. A situação grupal também pode compensar os efeitos dessa discrepância entre as características do moderador e as dos membros do grupo. Como uma jovem mulher branca, refletindo sobre sua própria experiência na moderação de um grupo focal compreendido por jovens mulheres de ascendências britânicas e asiáticas, no contexto de uma pesquisa realizada por toda a Europa sobre as expectativas dos jovens para o futuro, Smithson (2000, p. 111-112) conclui:

> [...] uma mulher branca e uma asiática dificilmente produziriam um quadro detalhado das vidas e dos debates das jovens ásio-britânicas. Aqui o grupo é coletivamente "poderoso" no sentido de que têm acesso a conhecimentos compartilhados, dos quais o moderador é ignorante. Em vez de ser construído pelo pesquisador como o outro, essas mulheres asiáticas usam o grupo focal para se posicionarem entre duas culturas em "eixos intercruzantes de identificação".

Assim como em muitos outros aspectos da elaboração de uma pesquisa, não há algo como um encaixe perfeito entre o moderador e o grupo. O que é crucial, entretanto, é que o impacto do pesquisador nos dados seja levado em consideração na análise, ou seja, que isso seja usado reflexivamente para vantagem analítica (ver Quadro 4.2). O exemplo no Quadro 4.2, entretanto, também serve para destacar o dever de cuidado que os financiadores têm sobre os pesquisadores que empregam. Curiosamente, essa mesma questão foi levantada por Umaña-Taylor e Bámaca (2004) em relação à realização de pesquisas transculturais. Isso é discutido também no Capítulo 7, relativo às questões éticas e as relações com os participantes dos grupos focais.

> **QUADRO 4.2 CONSIDERAÇÃO DO IMPACTO DO MODERADOR**
>
> No contexto de nosso estudo sobre as razões para muitos dos incidentes de racismo na área de Strathclyde não serem denunciados, tentamos, sempre que possível, combinar o moderador com o grupo – inclusive devido aos requisitos de fluência na linguagem para os membros do grupo. Também consideramos que esse provavelmente seria um tema delicado e que os membros do grupo estariam mais dispostos a "se abrirem" com alguém que percebessem como confiável, em virtude do contexto cultural compartilhado. Isso nem sempre foi possível e, na prática, descobrimos que teríamos que comprometer a combinação – em especial quando os membros do grupo falavam inglês fluente, mas não havíamos sido capazes de recrutar um moderador daquele grupo étnico em particular. Portanto, terminamos em uma situação na qual uma jovem ásio-escocesa estava moderando um grupo de afrocaribenhos.
>
> Isso levou a *insights* a respeito das percepções dos participantes do grupo focal sobre a "hierarquia" entre grupos de minorias étnicas na área de Strathclyde, com os asiáticos sendo vistos como recebendo tratamento preferencial – e, de fato, eram ressentidos em função disso – em virtude dos seus antigos envolvimentos na área e de sua numerosidade. A moderadora desconhecia completamente esses sentimentos e ficou bastante chocada ao tomar conhecimento dessas visões. Entretanto, sua presença como moderadora levou a dados que de outra forma provavelmente apenas teriam sido insinuados. Apesar de a equipe do projeto estar consciente de suas responsabilidades de discutir plenamente com a moderadora sua própria resposta a esse incidente desconfortável, pensando agora, isso foi algo que talvez devêssemos ter antecipado e para o que talvez devêssemos ter procurado prepará-la.

RECRUTAMENTO

Em comum com os outros componentes envolvidos na realização de pesquisas com grupos focais, o recrutamento de participantes não é uma ciência exata: pelo contrário, envolve fazer uma série de decisões éticas e pragmáticas. Os controladores de acesso podem desempenhar um papel particularmente importante no recrutamento de participantes para estudos com grupos focais. MacDougall e Fudge (2001) descrevem as dificuldades que encontraram ao tentar recrutar homens não profissionais em idade acima da faixa de aposentadoria para um estudo de saúde social. Uma combinação de anúncios e entrevistas nas estações de rádio locais, pôsteres e distribuições de panfletos falhou em atrair participantes. A cobertura da imprensa e propagandas voltadas ao público-alvo resultaram em apenas três homens se voluntariando. Uma abordagem junto aos profissionais de saúde locais, no entanto, foi muito mais produtiva, já que eles concordaram em promover o estudo para os homens com quem tinham contato. Grandes indústrias na área também se provaram uma fonte frutífera de recrutamento.

Umaña-Taylor e Bámaca (2004) fazem uma observação interessante ao apontar que as crianças muitas vezes atuam como controladores de acesso para suas mães latinas, uma vez que o projeto de estudo deles envolvia recrutar mulheres por meio de telefonemas frequentes. Em lares onde se fala espanhol, as crianças podem descartar ligações feitas em inglês, e os pesquisadores logo descobriram que falar espanhol resultava em uma maior probabilidade de responsividade dessa população. Madriz (1998), que também estudou mulheres latinas de *status* socioeconômicos mais baixos, relata ter feito uso de sua própria rede de contatos pessoal e ter recrutado pelo boca a boca, por meio de amigos de amigos – uma estratégia possível de ser inclusiva a pessoas com alfabetização limitada, em contraste com os métodos mais comuns de se usar anúncios, pôsteres ou cartas.

Ter familiaridade com os padrões comportamentais culturais ou subculturais também pode ajudar com as questões práticas envolvidas na organização de grupos focais. No contexto do nosso estudo sobre as necessidades de saúde de pessoas procurando asilo político em Glasgow, havíamos distribuído panfletos para um planejado grupo Somali, afirmando que a sessão ocorreria das 14 às 15 horas. Isso resultou nas pessoas aparecendo a qualquer momento durante o período referido, refletindo hábitos culturais, tal como explicou posteriormente um dos participantes para os pesquisadores escoceses brancos, os quais arrependidos, reconheceram que inadvertidamente presumiram que suas próprias regras de conduta se aplicariam. Da mesma forma, Strickland (1999) descobriu que indivíduos provenientes de comunidades indígenas tribais normalmente chegavam a encontros durante um período de 15 a 30 minutos e raramente no horário designado. Entretanto, eles também observaram que os participantes esperavam ficar por três ou quatro horas. A questão aparentaria não ser sobre disponibilidade e limitações de tempo, mas ser sobre diferentes expectativas e normas culturais a respeito de visitas.

Yelland e Gifford (1995) observam que o *status* do recrutador pode ser particularmente importante para alguns grupos étnicos, e isso sugere que o potencial para o recrutamento via membros respeitados da comunidade pode ser uma estratégia frutífera. Todavia, isso pode não ser o caso para todos os grupos étnicos, ou, de fato, para todos os indivíduos ou subgrupos dentro de uma população de minoria étnica. O reverso provavelmente foi o caso em nosso estudo de reabilitação cardíaca, que envolveu estudantes de medicina como moderadores de grupo focal e provavelmente atingiu um alto nível de participação em virtude de como esses indivíduos eram percebidos como "estudantes legítimos", a quem os pacientes queriam ajudar.

É importante ter em mente que informações advindas de controladores de acesso, como administradores ou aqueles envolvidos com os participantes em caráter profissional, algumas vezes podem ser problemáticas. Umaña-Taylor e Bámaca (2004) salientam a importância de se fazer uso das organizações da comunidade local – incluindo, um tanto raramente, consulados – para fazer contatos com membros das várias populações latinas no contexto dos Estados Unidos. Ainda que eles não mencionem suas razões precisas, eles também advertem contra permitir a membros de organizações recrutar pessoas para grupos focais. Entretanto, Jonsoon e colaboradores (2002) não só usaram controladores de acesso para recrutamento, como também incluíram-nos como participantes em grupos focais que estavam explorando as percepções e as experiências sobre a comida de mulheres somalianas vivendo na Suécia.

Barrett e Kirk (2000) salientam a importância do sobrerrecrutamento para grupos focais com participantes idosos, tendo constatado, assim como Owen (2001) em relação a mulheres com doenças mentais severas e duradouras, que esses grupos são especialmente propensos a faltas. Umaña-Taylor e Bámaca (2004) também destacam isso como um desafio para o recrutamento de mães latinas e recomendam o sobrerrecrutamento por pelo menos 50% para grupos que possam ter dificuldades em frequentar os grupos focais em função da natureza de seus compromissos com outros familiares.

QUESTÕES ÉTICAS NO RECRUTAMENTO

A questão do pagamento para participantes de grupos focais é altamente controversa. É interessante notar que muitos pesquisadores – e comitês de ética – parecem não considerar problemático o reembolso de clínicos gerais em termos de prover um abono substituto para garantir suas participações. Entretanto, quanto menos prestigioso o grupo, maior a probabilidade de que preocupações sejam expressas a respeito do efeito de incentivos financeiros – culminando quando se trata de respondentes que são conhecidos usuários de drogas ilegais. Algumas vezes, os comitês de ética estão dispostos a aceitar pagamentos de pequenas somas, dado que estes sejam especificados como reembolsos de deslocamento ou valores para cobrir o tempo despendido. Muitos pesquisadores têm optado por dar presentes como uma expressão de gratidão para os participantes do grupo focal. Isso tem a vantagem adicional de não impactar em questões de imposto de renda, que poderiam ser um considerável desmotivador para trabalhadores mal pagos. Com respeito a nosso estudo sobre as necessidades de saúde de pessoas buscando asilo político, fomos altamente dependentes da boa vontade dos membros da comunidade em busca de asilo que treinamos para realizar grupos focais, pois aqueles que ainda estavam aguardando uma decisão e não haviam assegurado um *status* de refugiados estavam barrados de receber. Em vez de introduzir iniquidades, tomamos uma decisão geral de não oferecer pagamentos para ninguém que contribuísse para essa pesquisa, mas buscamos prover refeições, treinamento, o que – esperamos – ajudou os indivíduos a desenvolverem habilidades úteis e ganharem confiança, e pequenos itens de material de escritório (um brinde bem-vindo, uma vez que muitos dos envolvidos eram estudantes de algum tipo). A significância de proporcionar comida tradicional também é destacada pelos pesquisadores envolvidos na realização de trabalhos com grupos de minorias étnicas (Strickland, 1999; Jonsson et al., 2002; Umaña-Taylor e Bámaca, 2004). Um ponto importante a lembrar é que, quando financiamentos estão envolvidos, muitos departamentos universitários de contabilidade solicitarão detalhes pessoais dos beneficiados (para seus próprios procedimentos internos). Contudo, ao lidar com grupos em que alguns podem ser imigrantes ilegais ou são sensíveis quanto à sua imigração, emprego ou situação diante do governo, cupons podem ser uma opção mais aceitável para todos os envolvidos (Umaña-Taylor e Bámaca, 2004). Tais questões éticas são exploradas mais extensamente no Capítulo 7.

Entretanto, questões éticas não surgem apenas com relação a grupos percebidos como "vulneráveis" ou "desafortunados": temos que ter consciência, por exemplo, das demandas que fazemos para pessoas, tais como profissionais ocupados, cujo tempo de participação em nossa pesquisa significa um tempo que não é usado para se atender pacientes. Ao se buscar recrutar profissionais para participar de grupos focais, também é válido explorar a possibilidade de se fazer as discussões de grupo sob os auspícios de programas de capacitação profissional. Particularmente, se executado durante a época do ano em que os indivíduos estão buscando atividades adequadas para acrescentar aos seus portfólios, essa pode ser uma estratégia de recrutamento especialmente bem-sucedida, sendo também uma reciprocidade. Naturalmente, executar grupos focais em conjunto com um evento certificado como sendo de formação envolve bem mais trabalho, já que também precisa conter, não sem razão, um componente educativo. A capacidade dos grupos focais de encorajarem indivíduos a tomar uma perspectiva crítica a respeito de suas próprias práticas, entretanto, sugere que, em muitos contextos, eles podem se mesclar facilmente com o objetivo de programas de capacitação profissional.

■ PONTOS-CHAVE

Apesar do uso um tanto oportunista que algumas vezes é feito dos grupos focais, eles se beneficiam, como todas as abordagens, de considerações cuidadosas durante o projeto da pesquisa. As orientações fornecidas neste capítulo a respeito da elaboração de estudos com grupos focais podem ser resumidas como se segue:

- A decisão sobre quando utilizar grupos focais ou entrevistas individuais precisa ser avaliada no contexto de cada estudo. Enquanto as entrevistas sobressaem-se na tarefa de eliciar considerações "privadas", os grupos focais oferecem ao pesquisador acesso às participações e aos argumentos que os participantes estão dispostos a apresentar em situações de grupo, sejam esses grupos de pares, sejam de estranhos convocados para a pesquisa.
- Grupos focais podem ser empregados de forma útil tanto como um método único quanto como parte de uma abordagem de método misto. Em estudos de método misto, os grupos focais têm o potencial para desenvolver "ferramentas" mais estruturadas, como questionários, mas também podem ser utilizados com boas vantagens para esclarecer resultados quantitativos.
- Já que a triangulação é um conceito problemático, grupos focais podem gerar dados paralelos e, então, facilitar a interrogação de bases de dados contrastantes por meio de comparações – particularmente em relação a explorar e buscar explicações para discrepâncias.
- Não há algo como uma ambientação "neutra" para um grupo focal. É importante antecipar o efeito de diferentes possíveis localizações no conteúdo dos dados a serem gerados e planejar de acordo com isso. Usar mais de um ambiente pode proporcionar dados comparativos.
- Ainda que nem sempre seja possível – ou mesmo desejável – combinar o moderador com o grupo, considerações cuidadosas devem ser feitas sobre o impacto do moderador nos dados gerados, e isso deve ser usado como um recurso durante a análise. Algumas equipes de pesquisadores fazem uso estratégico das características pessoais de seus moderadores para gerar dados para propósitos de comparação.
- É importante adquirir informações contextualizantes sobre o grupo em estudo, tanto por meio de um trabalho de campo preliminar quanto ao acessar as informações disponíveis nas organizações locais.
- Tente ser criativo ao identificar fontes potenciais de recrutamento, mas permaneça alerta para a ênfase e as lacunas na cobertura que podem resultar do envolvimento de controladores de acesso no recrutamento de sua amostra. Tanto estratégias de recrutamento de baixo para cima quanto de cima para baixo podem resultar em certas vozes sendo emudecidas ou não representadas.
- Pagar os membros do grupo focal pode ajudar no recrutamento – e, portanto, em alguns contextos, pode garantir uma participação mais ampla. Todavia, essa opção nem sempre é apropriada e pode ser uma boa ideia explorar meios alternativos de reconhecer a contribuição das pessoas, dando brindes ou reconhecendo as sessões como atividades associadas à formação profissional.

LEITURAS COMPLEMENTARES

Questões sobre o planejamento de grupos focais e a sua combinação com outros métodos são delineadas nos detalhes nos livros e artigos a seguir:

Barbour, R.S. (1999b) 'The case for combining qualitative and quantitative approaches in health services research', *Journal of Health Services Researchand Policy*, 4(1): 39-43.

Crabtree, B.F., Yanoshik, M.K., Miller, M.L. and O 'Connor, P.J. (1993) 'Selecting individual or group interviews', in D.L. Morgan (ed.), *Successful Focus Groups: Advancing the State of the Art*. Newbury Park, CA: Sage, pp. 137-49.

Flick, U. (2007a) *Designing Qualitative Research* (Book 1 of *The SAGE Qualitative Research Kit*). London: Sage. Publicado pela Artmed Editora sob o título *Desenho da pesquisa qualitativa*.

Flick, U. (2007b) *Managing Quality in Qualitative Research* (Book 8 of *The SAGE Qualitative Research Kit*). London: Sage. Publicado pela Artmed Editora sob o título *Qualidade na pesquisa qualitativa*.

Green, J. and Hart, L. (1999) 'The impact of context on data', in R.S. Barbour and J. Kitzinger (eds), *Developing Focus Group Research: Politics, Theory and Practice*. London: Sage, pp. 21-35.

Michell, L. (1999) 'Combining focus groups and interviews: telling it like it is; telling how it feels', in R.S. Barbour and J. Kitzinger (eds), *Developing Focus Group Research: Politics, Theory and Practice*. London: Sage, pp. 36-46.

5
AMOSTRAGEM

Objetivos do capítulo

Após a leitura deste capítulo, você deverá:

- compreender as questões envolvidas na amostragem e na composição de grupos nos grupos focais;
- conhecer as vantagens e os limites do uso de grupos existentes;
- saber mais a respeito de técnicas de amostragem;
- estar ciente das considerações éticas relacionadas a elas.

Este capítulo foca o componente crucial que são as estratégias de amostragem, enfatizando que elas proporcionam a chave para as comparações que serão possíveis. Também fornece orientações sobre a composição do grupo e sobre o uso de grupos preexistentes, avalia as questões éticas e a necessidade de levá-las em consideração ao desenvolver estratégias de amostragem e convocar grupos. Nenhum texto sobre grupos focais estaria completo sem a devida atenção à amostragem. Ainda que muitos trabalhos qualitativos tenham tradicionalmente se baseado em amostragens por conveniência, há muito a ser ganho ao se seguir uma abordagem mais estratégica. Enquanto um estudo envolvendo entrevistas individuais pode, potencialmente, construir uma amostra aos poucos, é necessário, inicialmente um esforço considerável para convocar grupos focais, assim como no início também é complicado pensar com cuidado sobre os propósitos de se agrupar determinados indivíduos.

▼ PRINCÍPIOS DA AMOSTRAGEM QUALITATIVA

A amostragem é crucial, pois guarda a chave para as comparações que você será capaz de fazer usando seus dados (ver também Flick, 2007a, cap. 3; 2007b, cap. 3). Tanto Kuzel (1992) quanto Mays e Pope (1995) ressaltam que o propósito da amostragem qualitativa é refletir a diversidade dentro do grupo ou população sob estudo, em vez de aspirar ao recrutamento de uma amostragem representativa. Portanto, tal amostragem aproveitará qualquer "forasteiro" identificado e buscará incorporar esses indivíduos ou subgrupos em vez de dispensá-los, como seria feito no caso de uma amostragem quantitativa. Um exemplo pode ser procurar a inclusão de pais de crianças educadas em casa ou viajantes em um estudo que envolvesse a criação de filhos, usando escolhas no lugar de escolas para identificar uma amostra ou fazendo um esforço para encorajar homens com responsabilidades primárias de cuidado com os filhos a participar do estudo. A questão aqui não é o número de tais indivíduos na população como um todo, mas sim os *insights* que podem ser obtidos por meio dessas exceções e o seu potencial para colocar sob um foco ampliado alguns dos pressupostos tidos como evidentes ou processos que de outra forma não são notados. As implicações das escolhas de amostragem e seu potencial para facilitar análises teóricas são discutidas mais amplamente no Capítulo 9.

A amostragem qualitativa geralmente é referida como envolvendo amostragem ou "teórica" (Mays e Pope, 1995) ou "intencional" (Kuzel, 1992). Qualquer que seja o termo utilizado, ele refere essencialmente o mesmo processo: teorizar, ainda que em um estágio preliminar, sobre as dimensões que provavelmente serão relevantes em termos de proporcionar diferentes percepções ou experiências. Tais decisões já antecipam a análise; a amostragem "intencional" está relacionada à antecipação do uso de critérios selecionados para fazer comparações assim que os dados tenham sido gerados. Em outras palavras, permite que os dados sejam interrogados com um propósito, ou seja, de modo a realizar comparações sistemáticas (Barbour, 2001). É aqui que o trabalho de campo preliminar pode pagar dividendos em termos de sensibilizar o pesquisador para os critérios que são relevantes e que devem informar as decisões de amostragem. Mesmo quando não é praticável executar um exercício extenso de "sondagem", os pesquisadores podem se beneficiar do conhecimento dos grupos comunitários, que podem desempenhar um importante papel ao educar o pesquisador sobre a diversidade, as nuanças e as sensibilidades envolvidas – como é apontado por Umaña-Taylor e Bámaca (2004), que descobriram que os trabalhadores dos consulados, assim como as pessoas trabalhando em organizações comunitárias, foram uma fonte valiosa de informações a respeito das diferenças entre os subgrupos de mulheres latinas vindas da Colômbia, Guatemala, México e Porto Rico, com perfis e experiências contrastantes em termos de razões para migração, tempo de residência, local de moradia, incidência de pobreza, grau de escolaridade e renda.

Refletir sobre o potencial comparativo também aumenta a probabilidade de se incluir grupos que poderiam ser esquecidos, talvez por sua falta de visibilidade ou pelos problemas que apresentam em termos de recrutamento. Macnaghten e Myers (2004, p. 71), apontam que: "sejam quais forem os perigos para a pesquisa de um esquema rígido de categorização de identidades, é útil ao planejar os grupos, pois isso compele os pesquisadores a irem além das vozes que são mais familiares, mais óbvias, mais articuladas ou mais fáceis de recrutar".

COMPOSIÇÃO DO GRUPO

Uma vez que o grupo será a principal unidade de análise na pesquisa com grupos focais, faz sentido convocá-los para facilitar comparações, ao garantir que os membros do grupo compartilhem pelo menos uma característica importante. Não só isso faz sentido em termos do planejamento da pesquisa; também pode encorajar as pessoas a frequentar o grupo e facilitar as discussões sobre tópicos difíceis, como aqueles nos quais os participantes compartilham algum estigma (Bloor et al., 2001).

Morgan (1988) proporciona um lembrete útil dizendo que os grupos focais devem ser homogêneos em termos de contexto de vida, não de atitudes. Ainda que alguns comentadores de grupos focais, como Murphy e colaboradores (1992), vejam as diferenças de opinião como potencialmente fragmentadoras, são elas que dão às discussões de grupo focal seu caráter instigante. Dado que não somos indiferentes quanto a misturar pessoas que possuem perspectivas violentamente diferentes sobre questões emotivas, um pouco de discussão pode avançar bastante em direção ao que se esconde por trás das "opiniões" e pode permitir tanto aos facilitadores do grupo focal quanto aos participantes clarificar suas próprias perspectivas, assim como também as dos outros. Talvez, em alguns contextos, isso possa até mesmo facilitar um maior entendimento mútuo. Em termos de gerar discussões, um grupo focal constituído por pessoas em acordo sobre tudo resultaria em conversas bastante desinteressantes e forneceria dados pouco produtivos. Felizmente, contudo, isso é pouco que aconteça; mesmo quando o pesquisador ingenuamente procura reunir pessoas com mentalidades semelhantes, é improvável que elas sejam tão unidimensionais como são, sem dúvida, nossas aproximadas e um tanto simplórias categorias de amostra.

NÚMERO E TAMANHO DOS GRUPOS

A questão de quantos grupos focais realizar é determinada pelas comparações que o pesquisador deseja fazer. Não há um número mágico e não é necessariamente melhor, ainda que fazer dois grupos focais com grupos com características similares possa colocar o pesquisador em solo mais firme em relação a fazer afirmações sobre os padrões dos dados, uma vez que isso sugeriria que as diferenças observadas não são apenas uma característica de um grupo em particular, mas são provavelmente relacionadas às diferentes características dos participantes refletidas na seleção. Já que cada participante individual possui um conjunto de características (idade, gênero, nível socioeconômico e educacional), é provável que seja possível fazer algumas comparações intergrupo, já que, por exemplo, um grupo de mulheres pode perfeitamente ser composto por indivíduos de idades muito diferentes. É sempre prudente, no entanto, deixar alguma flexibilidade para adicionar outros grupos, à medida que novos potenciais comparativos surgem.

Outra questão frequente está relacionada ao número de participantes que deveria ser recrutado para cada grupo focal. Muitos dos textos mais antigos sobre grupos focais repetiam a orientação que tende a ser dada na pesquisa de *marketing*, que o tamanho ideal de um grupo é de 10 a 12 pessoas. O número de pessoas que podem prontamente receber igual voz nos procedimentos dependerá não só da habilidade do moderador (como sugerem os textos sobre pesquisas de *marketing*), mas também do nível e da complexidade da discussão desejada. Nas pesquisas das ciências sociais, geralmente estamos mais interessados em explorar a fundo os significados dos participantes e os modos pelos quais as perspectivas são socialmente construídas. Em comparação à pesquisa de *marketing*, onde muitas discussões são resumidas – tanto verbalmente quanto em forma de nota – o foco dos cientistas sociais é geralmente uma transcrição literal, que é então sujeita a uma análise detalhada e sistemática. Tanto em termos de moderação de grupos (captar e explorar as deixas enquanto elas emergem) e em termos de análise de transcrições, eu diria que um máximo de oito participantes geralmente já é desafiador o bastante. Os requisitos do pesquisador de identificar vozes individuais, buscar clarificações e explorações a mais sobre quaisquer diferenças nas perspectivas fazem grupos maiores, se não impossíveis, e excessivamente demandantes para moderar e analisar. Em termos de um número mínimo, é perfeitamente possível fazer um grupo focal com três ou quatro participantes (Kitzinger e Barbour, 1999; Bloor et al., 2001). Para alguns tópicos isso pode ser preferível – por exemplo, com idosos com doenças terminais (Seymour et al., 2002). Além disso, o tamanho e a configuração da sala que está disponível para uma sessão de grupo pode também ditar o tamanho do grupo, já que isso pode impactar na capacidade de registrar a discussão – particularmente se uma gravação em vídeo é necessária. Se usuários de cadeiras de rodas deverão ser acomodados, o espaço será uma consideração primordial (presumindo que a questão da acessibilidade já foi resolvida) e pode não ser possível acomodar mais de um ou dois desses participantes em qualquer grupo.

QUADROS AMOSTRAIS E O POTENCIAL PARA COMPARAÇÃO

Em algumas aplicações de pesquisas com grupos focais, entretanto, o uso máximo da capacidade de convocar grupos para proporcionar comparações não é feito. Isso acontece particularmente quando estratégias de amostragem aleatória são empregadas, o que reflete uma aderência continuada, e inapropriada, à uma abordagem quantitativa. Os comentários dos pesquisadores (Lam et al., 2001 optou por uma amostragem aleatória em seu estudo focado na educação médica para acalmar as preocupações de um dos membros da universidade, que estava particularmente vinculado ao paradigma da pesquisa quantitativa) servem para nos lembrar do contexto acadêmico e organizacional em que realizamos nossas pesquisas. Os comitês de ética e as juntas de financiamento também desempenham um importante papel no desenvolvimento do plano de pesquisa final.

O uso imaginativo dos grupos focais pode até mesmo proporcionar comparações em um contexto internacional. A amostragem estratégica permitiu a Green e colaboradores (2005) estudarem o entendimento da população sobre os riscos alimentares com pessoas pertencentes a quatro diferentes estágios do ciclo vital em uma variedade de ambientes na Finlândia, Alemanha, Itália e o Reino Unido, envolvendo um número relativamente pequeno de grupos focais. Um engano comum é pensar que a amostragem intencional necessariamente inflaciona o número de participantes requerido. Entretanto, se você perceber que cada indivíduo pode potencialmente atender a vários dos critérios desejados em termos de diversidade (todos tendo um gênero, idade, classe social, etc.), torna-se claro que múltiplas comparações podem ser feitas com base em menos participantes do que uma consideração inicial da abordagem de amostragem poderia sugerir.

O processo de recrutamento de uma amostra para atender ao quadro amostral desejado pode, entretanto, consumir bastante tempo. A extensão do trabalho envolvido é ilustrada pela experiência de Lagerlund e colaboradores (2001) em explorar as lógicas das mulheres suecas para comparecer ou não a um exame de mamografia. Eles relatam que enviaram 321 cartas para conseguir recrutar um total de 31 mulheres para três grupos focais. McEwan e colaboradores (2003) também utilizaram bancos de dados preexistentes – de dois centros para epilepsia escoceses – para alimentar um conjunto amostral de referência para discussões de grupo focal. Embora a orientação teórica de sua pesquisa estivesse relacionada à exploração da noção de *habitus* de Bordieu, Callaghan (2005) maximizou o potencial para comparação ao convocar três grupos focais para refletir três perfis socioeconômicos diferentes, como identificados por análises de *clusters* dos dados do censo. Portanto, ainda que o uso da amostragem permaneça essencialmente "qualitativo" em seu foco, comparando e contrastando para identificar padrões e buscar explicações para as similaridades e diferenças, as possibilidades podem ser aumentadas ao se prestar atenção a informações quantitativas já disponíveis – ou mesmo, em alguns casos, ao se fazer mais alguma análise desses dados para explorar as oportunidades que podem oferecer à amostragem intencional.

Ainda que seja útil sentar em um escritório de pesquisa e desenhar um quadro amostral, nem sempre é possível preencher todas as células identificada, bem como é importante deixar o delineamento suficientemente aberto para se possa aproveitar em quaisquer *insights* futuros que ocorram aos pesquisadores durante o desenvolvimento do estudo, ou outras oportunidades que se apresentem. Na prática, modelos teóricos, conhecimento da literatura existente, conhecimento de uma localidade específica, contatos e controladores de acesso e serendipidade, desempenham um papel. Isso é ilustrado pelo exemplo seguinte de um trabalho atualmente sendo escrito (ver Quadro 5.1).

Naturalmente, independentemente de nossos grandes planos, nem sempre é possível recrutar todas as pessoas que gostaríamos que fizessem parte de nosso estudo e nem sempre somos capazes de convocar todos os grupos identificados nem nossa tabela amostral – ou "lista de desejos". No contexto do estudo citado, acreditamos que poderia ser esclarecedor realizar uma discussão de grupo focal com um grupo de etnicidade mista constituído por pequenos empresários, para podermos observar quais questões eram específicas para grupos ou localidades particulares e quais eram comuns. Como se pode imaginar, isso se provou impossível de ser organizado, devido às

QUADRO 5.1 DESENVOLVENDO UMA ESTRATÉGIA DE AMOSTRAGEM

Uma colega no Departamento de Direito da Universidade de Glasgow (Kay Goodall) havia recebido um financiamento para realizar uma pesquisa sobre o policiamento de incidentes e crimes racistas na área de Strathclyde. Essa região geográfica tem uma história relativamente longa de imigração do subcontinente indiano. Em uma área com várias universidades, ela também apresenta uma população estudantil considerável, representando uma ampla mistura étnica. Recentemente, a área de Glasgow tem recebido um influxo de pessoas buscando asilo político e houve, infelizmente, dois casos de assassinato de alto escalão anteriores à realização dessa pesquisa.

Ainda que eu tenha me envolvido nessa pesquisa em relação ao componente dos grupos focais, o estudo tinha um projeto de pesquisa de método misto, combinando discussões de grupo focal com métodos de questionário e entrevistas individuais. Como a pesquisa buscava uma explicação para as razões de muitos casos de ataques racistas não serem denunciados (uma questão "Por que não?"), grupos focais pareciam o método ideal para destrinchar essa questão complexa, ao nos permitir explorar as definições de racismo, as respostas das pessoas envolvidas e o processo de tomada de decisão a respeito da forma de lidar tanto com os perpetradores quanto com a polícia.

As discussões iniciais da equipe de pesquisa identificaram a importância de se eliciar, alem de comparar e contrastar, as perspectivas e experiências dos membros de vários grupos de minorias étnicas; homens e mulheres; pessoas de diferentes idades; indivíduos pertencentes a diferentes classes sociais; aqueles que haviam nascido na Escócia e os imigrantes mais recentes. Portanto, desenvolvemos uma tabela amostral nacional com uma ampla variedade de grupos potenciais. Trabalhamos de perto com várias organizações locais para estabelecer, em um primeiro momento, se havia números suficientes em qualquer grupo para permitir o registro da variedade de grupos requerida. Dado o número relativamente pequeno de pessoas em Glasgow pertencentes à comunidade afro-caribenha, fomos capazes de convocar apenas um grupo, que envolveu pessoas de um conjunto de idades e classes sociais. Além de prestar atenção às diferenças entre as classes sociais, também objetivamos explorar as visões das pessoas em ocupações específicas, incluindo representantes de organizações de minorias étnicas, pequenos empresários e estudantes. Outra dimensão potencialmente interessante era relacionada à localidade em que as pessoas viviam, e foi possível desenvolver uma discussão de grupo focal com chineses moradores de uma pequena cidade, em vez de provenientes da metrópole. Os grupos de minorias étnicas eram os seguintes:

- pessoas buscando asilos (que falavam inglês e apresentavam diferentes contextos étnicos);
- representantes de organizações chinesas;
- homens asiáticos (várias idades e classes sociais);
- mulheres asiáticas (várias idades e classes sociais);
- representantes de organizações asiáticas;
- jovens rapazes asiáticos (de 16 a 20 anos);
- jovens moças asiáticas (de 16 a 20 anos);
- afro-caribenhos (várias idades e classes sociais);

(Continua)

> (*Continuação*)
> - estudantes internacionais (vários contextos étnicos);
> - chineses (localidades e gêneros misturados, pertencentes a classes socioeconômicas mais baixas);
> - pequenos empresários chineses;
> - leste-europeus (várias idades e classes sociais);
> - pesquisadores asiáticos e afrocaribenhos.
>
> Também convocamos oito grupos focais com membros da comunidade branca nativa. Esses grupos incluíam pessoas vivendo em áreas afluentes, mistas e pobres, estudantes homens, profissionais mulheres, um grupo religioso e um grupo de indivíduos que se envolviam ativamente nas políticas locais. Discussões de grupos focais também foram feitas com grupos de policiais em serviço na região.

longas horas trabalhadas pelos donos de pequenos negócios e a necessidade de se realizar tal grupo em uma localização que envolvia deslocamento para alguns dos participantes. Algumas dificuldades, entretanto, podem se tornar vantagens. Em nosso estudo com pessoas procurando asilo político, ainda que fôssemos incapazes de convocar um grupo específico, as razões que atuaram contra a inclusão de alguns indivíduos se provaram valiosos *insights* dos desafios e ansiedades identificáveis nas pessoas procurando asilo em Glasgow.

O PAPEL DA SERENDIPIDADE

Para aqueles que, por agora, podem estar desencorajados pelas complexidades envolvidas em maximizar o potencial da amostragem intencional, uma palavra de conforto pode ser derivada da observação de que é igualmente improvável que se faça tudo errado. Um exemplo é fornecido aqui pela experiência de se convocar grupos focais dentro do contexto de oficinas de métodos de pesquisa (a fonte das bases de dados cumulativos; alguns trechos das transcrições resultantes são apresentados mais adiante, nos Capítulos 8, 9 e 10). Tenho frequentemente apontado para os participantes das oficinas que os profissionais de saúde, pesquisadores de serviços de saúde e estudantes de doutorado participando dessas sessões em geral são oriundos do que poderia ser casualmente referido como "as classes agitadoras" – nas quais, eu devo dizer que também faço parte. Isso, entretanto, limita consideravelmente o potencial comparativo da base de dados resultante. Se os grupos focais estivessem sendo realizados como parte de um projeto de oficinas físicas, em vez de "virtuais", eu certamente desejaria convocar alguns grupos focais com pessoas de diferentes idades e gêneros vivendo em uma localidade desprivilegiada, por exemplo.

Apesar dessa importante limitação, entretanto, há o potencial geral para comparações instrutivas: por exemplo, entre pais e não pais e entre pessoas de diversos contextos étnicos ou culturais, em que diferentes expectativas a respeito dos relacionamentos e das ideias dos casais sobre criar filhos podem prover *insights* esclarecedores altamente relevantes para os tópicos sobre a presença dos pais durante os partos e os desafios de criar filhos (os dois tópicos "virtuais" da oficina). Tem sido possível convocar uns poucos grupos de homens, além dos mais numerosos grupos de mulheres e de gêneros mistos. Aqui também a serendipidade teve influência: uma das oficinas apresentou, por acaso, um grupo de pais em que todos tinham quatro ou mais filhos, sendo fortuitamente designados para o mesmo grupo focal. Outra oficina envolveu um número de participantes que eram avós e que puderam, portanto, acrescentar valiosas observações em primeira mão a respeito de como suas visões haviam mudado ao longo do tempo.

Gostamos de pensar, como pesquisadores, que estamos no controle da amostragem e do planejamento da pesquisa, mas muitas vezes a situação foge ao nosso controle. Isso algumas vezes pode ser uma grande vantagem: Khan e colaboradores (1991) relatam suas experiências de tentar eliciar discussões sobre saúde sexual com jovens asiáticas. Isso se provou extremamente difícil, pois as jovens mulheres pareciam relutantes a se abrirem para discutir a questão. A sorte foi a participação de uma dama de companhia, uma mulher mais velha, que voluntariamente juntou-se à discussão, compartilhando suas próprias experiências, o que deu permissão às mulheres mais jovens a falarem sobre esses assuntos e encorajou suas participações, assim permitindo aos pesquisadores gerarem dados sobre o tópico escolhido. Em relação aos grupos focais feitos para um projeto que estava observando a tomada de decisão sobre a medicação, alguns participantes traziam ocasionalmente um parceiro ou amigo. Acolhemos isso considerando que poderia proporcionar *insights* adicionais, já que sugeria que a discussão era mais próxima de uma conversa cotidiana.

RETORNO AO CAMPO E AMOSTRAGEM DE SEGUNDO ESTÁGIO

A formulação original da teoria fundamentada (Glaser e Strauss, 1967) defende que os pesquisadores retornem ao campo para testar as hipóteses emergentes. Entretanto, o clima de financiamentos atual e os prazos curtos para os projetos significam que isso é, em muitas instâncias, um ideal inatingível. Contrastando com outros métodos qualitativos, grupos focais proporcionam um potencial sem concorrentes para realizar esse tipo de exercício, por meio da "amostragem de segundo estágio" (subamostragem), ou da convocação de "grupos coringas" (Kitzinger e Barbour, 1999) para aprimorar a sofisticação analítica. Em termos dos aspectos de nossa pesquisa sobre os quais mantemos o controle, é útil permanecer alerta para as diferenças dentro dos grupos, não só em relação aos protocolos da interação social e a necessidade de se minimizar situações desconfortáveis, mas também para desenvolver a análise. Ainda que um indivíduo possa ter sido recrutado para um estudo com grupo focal em virtude de alguma característica (p. ex., idade ou gênero), pode haver outros aspectos de sua situação que se tornem aparentes somente durante a discussão, mas que são esclarecedores e podem proporcionar ideias para mais amostras.

Um exemplo dos dividendos pagos por essa abordagem é o estudo das visões e experiências dos clínicos gerais sobre a atestagem de doenças (Hussey et al., 2004; ver Quadro 5.2). Dado que tal amostragem "de segundo estágio"

QUADRO 5.2 UM EXEMPLO DE AMOSTRAGEM "DE SEGUNDO ESTÁGIO" (SUBAMOSTRAGEM)

Os quatro clínicos gerais que integram a equipe de pesquisa partiram de seus próprios conhecimentos sobre quais seriam os fatores que provavelmente influenciariam as experiências de um clínico geral (CG), e decidimos que buscaríamos convocar grupos de CGs que atuassem em áreas urbanas, rurais e remotas e em áreas ricas e pobres. É provável que os desafios de se lidar com a potencialmente delicada questão de fornecer atestados de doença seriam um tanto diferentes para os CGs vivendo e trabalhando em uma comunidade fechada e integrada e os que trabalham em uma área urbana central relativamente anônima, onde é improvável que o CG fixasse residência. Incorporar essas diferentes localidades provavelmente também proporcionaria um potencial para comparação em termos dos diferentes tipos de empregadores ativos na área e as implicações para a emissão de "atestados" (ou seja, se a maior parte desses era destinada a chegar ao mesmo escritório em que houvesse um empregador principal identificado, como uma grande fábrica). Concordamos, no começo, que incluiríamos tanto mulheres quanto homens, CGs com diferentes tempos de experiência, graus de senioridade, aqueles trabalhando em conjunto com grandes grupos, grupos menores e, se possível, alguns autônomos.

Tendo sido feita a amostragem de acordo com esses critérios e realizado o primeiro conjunto de sete grupos focais, os CGs moderadores compararam as notas e começamos o processo de análise preliminar dos nossos dados. Tanto quanto observar as padronizações (ou seja, as similaridades e diferenças) entre os sete grupos, também consideramos quais membros de cada grupo estavam levantando questões particulares. Esse exercício sugeriu que poderia haver questões particulares a CGs substitutos (que trabalhavam curtos períodos de tempo em um número de clínicas diferentes), residentes (que ainda estavam em treinamento) e seniores (com responsabilidades administrativas e um comprometimento de longo prazo – geralmente financeiro – com uma clínica, e cujas atribuições incluíam prover cuidados continuados a pacientes). Portanto, decidimos convocar esses grupos focais adicionais – um com cada um desses três grupos – para melhor explorar esse palpite, ou hipótese.

não envolva os pesquisadores contatando um grupo de pessoas inteiramente novo, ou meramente envolva configurar os grupos de forma diferente para refletir uma característica compartilhada específica em detrimento de outras, em geral é possível aceitar tal eventualidade - mesmo nas aplicações éticas - ao reservar-se a opção de convocar outros grupos, dependendo dos achados provisórios produzidos durante a análise preliminar dos dados. Afinal de contas, isso não é tão diferente de se mandar um questionário subsidiário para uma subamostra em um projeto quantitativo. Também pode ser possível convocar "grupos coringas " (Kitzinger e Barbour, 1999), o que pode envolver o recrutamento por meios adicionais, dado que isso esteja de acordo com a proposta original. Mais comumente, isso provavelmente envolve uma listagem de um amplo leque de locais em potencial para recrutamento no delineamento inicial do projeto e nas aplicações éticas.

GRUPOS PREEXISTENTES

Os textos sobre pesquisa de *marketing* constantemente aconselham recrutar grupos de estranhos, em preferência a grupos que ocorrem naturalmente. Entretanto, é importante ter em mente o contexto em que esse aconselhamento é oferecido. A pesquisa de *marketing*, como vimos no Capítulo 1, é primariamente preocupada com o conhecimento das preferências do público e incumbida com a tarefa de fazer recomendações gerais sobre se é uma boa ideia desenvolver e divulgar ou não um produto específico, ou sobre se investir em uma campanha publicitária em particular trará frutos. Enquanto é pouco provável que essas publicações digam categoricamente que essa pesquisa busca produzir um equivalente mais rápido e mais barato aos levantamentos por questionário em ampla escala, o objetivo está implícito na tentativa de recrutar uma amostra que é representativa da população-alvo. É certo que, dado esse objetivo, torna-se evidente que os grupos preexistentes seriam problemáticos para a pesquisa de *marketing*, pois é bem provável que fossem enviesar os achados em favor dos subgrupos dentro da população, em vez de proporcionar uma cobertura indistinta.

Entretanto, ao engajarmo-nos nas pesquisas com serviços de saúde ou nas ciências sociais, nossas ambições são um tanto diferentes daquelas que fundamentam a pesquisa de *marketing*. Estamos apenas perguntando questões bem diferentes - e, em geral, mais complexas - muitas vezes com a meta final não só de responder questões objetivas, mas também de contribuir para o estabelecido e acumulativo *corpus* de conhecimento disciplinar. (Além disso, realizamos nossas pesquisas dentro de um contexto que é caracterizado pela colaboração - apesar das rivalidades pessoais e institucionais - ao contrario do mais notavelmente competitivo mundo dos negócios e do *marketing*.) O objetivo da maior parte das pesquisas com serviços de saúde e das ciências sociais envolvendo grupos focais é provavelmente o desenvolvimento de uma maior compreensão do processo, em vez da previsão dos resultados, em termos da suposta resposta do público a um novo produto ou campanha de *marketing*.

Em vez de ver os grupos preexistentes como um problema em potencial, entretanto, alguns comentadores, como Bloor e colaboradores (2001), defendem que há algumas vantagens na utilização do que eles referem como sendo grupos "pré-familiarizados". Em contraste com a preocupação da pesquisa de *marketing* de evitar pares ou grupos de amigos ao recrutar crianças para grupos focais, Lewis (1992) argumentou que os agrupamentos de amizade são um importante critério para se convocar grupos de pessoas jovens. Tendo sido pré-familiarizados – ou mesmo se conhecido intimamente – indivíduos dentro dos grupos focais podem levar a um entendimento mais aprofundado das dinâmicas do grupo e de como elas moldam o desenvolvimento das visões ou respostas. Crossley (2002) só descobriu depois de fazer um grupo que duas das participantes eram irmãs. Ela explica que, ao analisar os dados, essa informação ajudou-a "a fazer sentido da natureza frequentemente acrimônia de suas disputas", o que, por sua vez, esclareceu o contexto "da vida real" em que essas duas pessoas pesavam as exortações das promoções de saúde e faziam atribuições sobre suas próprias situações de saúde e decisões sobre seus comportamentos relacionados à saúde. Munday (2006) usou sua própria rede de contatos para recrutar membros do Instituto das Mulheres para seu grupo focal, cujo objetivo era explorar como a identidade coletiva era produzida e administrada. Em vez de ver a presença de sua própria avó como problemática, ela considerou que isso ofereceu a ela *insights* adicionais valiosos sobre o fenômeno estudado.

Usar grupos preexistentes, entretanto, levanta importantes questões éticas, particularmente em relação a garantir a confidencialidade. Os pesquisadores precisam estar cientes de que esses grupos têm uma vida que continua depois que eles eliciaram os dados e deveriam minimizar possíveis ramificações negativas. É essencial que o pesquisador dedique tempo para enfatizar a importância da confidencialidade antes da discussão, bem como tempo e espaço para quaisquer preocupações a respeito de descobertas sejam oferecidos ao final. Particularmente no trabalho com membros de comunidades de minorias étnicas, os participantes de grupos focais podem ter relações complexas e interligadas que podem ser afetadas por confidências compartilhadas. De fato, é por essas razões que Ruppenthal e colaboradores (2005) defendem o uso de grupos multiétnicos nessas instâncias (dado que eles todos falem a mesma língua).

DISTINÇÃO ENTRE FALAS "PÚBLICAS" E "PRIVADAS"

Assim como com todas as outras orientações a respeito da pesquisa com grupos focais, a decisão sobre se incorporar ou evitar os agrupamentos preexistentes depende do escopo do projeto de pesquisa em questão. Por exemplo, é provável que a presença do chefe de alguém iniba a franca troca de ideias. Entretanto, isso pode ser apropriado se o propósito do projeto de pesquisa (como no caso anterior) for proporcionar um entendimento do contexto "de vida real" em que as pessoas trabalham ou se juntam para outros propósitos. Munday (2006), que convocou uma discussão de grupo focal com membros de um Instituto das Mulheres para explorar a construção e expressão da identidade coletiva, refletiu que a inclusão da presidente da filial no grupo, ainda que isso provavelmente influísse no que fosse e não fosse dito, ainda assim refletiria o tom das discussões que esse grupo provavelmente teria na vida "real". Uma das muitas virtudes dos grupos focais, entretanto, é o potencial para convocar grupos adicionais enquanto os *insights* se acumulam. Em alguns casos pode valer a pena convocar grupos separados constituídos inteiramente por funcionários de baixo escalão para acessar suas visões não censuradas.

Uma das questões que com mais frequência é perguntada por participantes de oficinas é sobre se devemos convocar grupos focais de profissões mistas ou de profissões únicas. Como de costume, não há resposta única, exceto apontar que os grupos compostos por clínicos gerais produzirão dados diferentes em conteúdo daqueles compostos por enfermeiras ou por médicos hospitalares, refletindo suas variadas preocupações e a natureza complementar, mas distinta, de suas funções profissionais. Meu conselho, nessa situação, seria convocar tanto grupos de profissões mistas quanto únicas e comparar os dados eliciados nesses dois diferentes contextos, e somente então tomar uma decisão sobre que tipo de dados é mais pertinente à questão de pesquisa da vez. Pode ser que o estudo se beneficie do foco comparativo proporcionado pelos dois tipos de grupo ou que o pesquisador decida que seus interesses residem firmemente em obter *insights* de como equipes multidisciplinares interagem e tomam decisões coletivas.

Quando os pesquisadores decidem tentar convocar grupos focais com grupos preexistentes pode ser pragmático utilizar espaços de encontro pré--arranjados, como encontros de equipe ou conferências. Entretanto, há algumas armadilhas associadas a tais "caronas" (Kitzinger e Barbour, 1999). É essencial avisar previamente todos os potenciais participantes de que o foco das sessões será diferente do das reuniões usuais, e mesmo depois de o grupo ser convocado, Kureger (1994) enfatiza a necessidade de relembrar os participantes de que a discussão de grupo é para os propósitos de uma pesquisa e de distinguir isso de um fórum de decisão ou de um comitê de planejamento.

QUESTÕES ÉTICAS NA AMOSTRAGEM

As questões práticas de se planejar grupos focais são inextricavelmente atadas às considerações éticas. Em um nível, não apreciar algumas das escrupulosidades éticas envolvidas pode simplesmente comprometer nossa habilidade de recrutar alguns participantes em potencial, como foi o caso no estudo realizado por Groger e colaboradores (1999). Eles refletiram: "Também perdemos potenciais participantes por utilizar (nos materiais de recrutamento) 'afro-americano', o termo politicamente correto que ofende alguns mais velhos que prefeririam ser chamados de 'pessoas de cor', um termo que se tornou politicamente incorreto na academia" (1999, p. 833). Isso serve à útil função de destacar que nossas tentativas de nos portarmos de uma maneira "ética" podem sair pela culatra, particularmente em contextos em que a lógica acadêmica e a popular estão "fora de sincronia". Alem disso, ao considerar o potencial comparativo que os quadros amostrais podem proporcionar ao pesquisador, precisamos pensar muito cuidadosamente sobre as consequências não intencionais de se juntar indivíduos com experiências diferentes, como expor pessoas recentemente diagnosticadas a outras com doenças em estágios avançados. Não só o pesquisador tem que considerar o impacto nos indivíduos causado pela participação na pesquisa; ele também precisa ter em mente as consequências do funcionamento do grupo, quando a decisão de se utilizar grupos preexistentes for tomada.

Ainda que essa tenha sido uma questão que enfrentamos durante o curso de um projeto de pesquisa sobre o gerenciamento de enfermeiras comunitárias, os dados coletados por meio de exercícios escritos serviram para nos ressegurar das consideráveis habilidades que nossos participantes do grupo focal trouxeram para o encontro. Isso claramente demonstrava que os indivíduos eram seletivos em relação a quais das suas respostas eles compartilhavam com o restante do grupo. Algumas vezes, nos colocando no papel do "pesquisador todo-poderoso", esquecemos que as pessoas com quem conversávamos no decurso da pesquisa muitas vezes eram adeptas a negociar tensões de trabalhos em equipe e que provavelmente desenvolveram meios de lidar com isso no cotidiano. Entretanto, é obviamente importante evitar exercícios impositivos que possam romper essas acomodações e ter efeitos duradouros nos relacionamentos muito depois de os pesquisadores terem deixado a cena. Em um dos grupos focais, nós, como pesquisadores cientes desse potencial para danificar as relações de equipe, ficamos perplexos enquanto um dos CGs pressionava uma enfermeira distrital a compartilhar suas visões em relação a um exercício escrito sobre as barreiras para um efetivo trabalho em equipe – desafiando diretamente nossa afirmação de que os indivíduos não seriam requisitados a discutir essas respostas em particular durante o curso da discussão. Entretanto, não precisávamos temer nada: a enfermeira com tranquilidade, e sem hesitação, produziu uma resposta apropriadamente leniente que divergiu de forma considerável de seu comentário escrito, o qual, como depois nós descobrimos, dizia "CGs autoritários!" (Barbour, 1995).

Todavia, essas preocupações estão relacionadas não só com o trabalho com grupos preexistentes: grupos convocados para a pesquisa também podem ocasionar muitos desafios éticos importantes, demonstrando que as questões práticas e éticas estão inextricavelmente unidas ao se tomar e implementar decisões sobre o planejamento de uma pesquisa. Meu próprio envolvimento recente como consultora de um projeto serve para enfatizar as complexas deliberações envolvidas no planejamento de grupos focais (ver Quadro 5.3). Enquanto esse projeto era notável no sentido de levantar

---

QUADRO 5.3 PLANEJAMENTO UMA PESQUISA COM GRUPOS FOCAIS PARA ESTUDAR AS EXPERIÊNCIAS DE PACIENTES COM CÂNCER EM RELAÇÃO AOS SERVIÇOS

Eu havia sido requisitada por uma autoridade da área de saúde para fornecer orientações e treinamento sobre como projetar uma pesquisa, para possibilitar que as enfermeiras gerassem dados qualitativos, dando sequência a um levantamento das visões dos pacientes sobre os serviços para câncer em uma região geográfica. Um questionário curto havia circulado entre os pacientes, frequentando todos os principais pontos de serviço para câncer e que haviam recebido um diagnóstico de câncer nos últimos dois anos. No final do questionário, incluímos uma seção que convidava os respondentes a voluntariamente participar de discussões de grupo focal e a fornecer detalhes para contato. Apesar de estarmos na incomum posição fortuita de termos um grande quadro amostral e muitos potenciais participantes de grupos focais, a decisão provou-se consideravelmente mais difícil do que poderia se imaginar inicialmente.

Você poderá achar interessante realizar esse exercício amostral e considerar as seguintes questões:

- Quem você incluiria? Pessoas com todos os tipos de câncer? Poderá haver alguma questão ética específica?
- Você faria grupos específicos a certas localizações do câncer ou grupos mistos, ou uma combinação de ambos, se assim for, que justificativa você daria para essa decisão?
- Quem, se alguém, você poderia querer excluir?
- Há alguma combinação potencialmente desconfortável em termos de composição do grupo?
- Você faria grupos de um único gênero ou de gêneros mistos?

Espero que isso tenha dado a você alguma indicação das muitas considerações que teríamos que fazer. Decidimos executar tanto grupos específicos a tipos de câncer quanto grupos mistos. Alguns grupos eram constituídos somente por mulheres (obviamente os grupos de câncer de mama e câncer cervical) e, devido à

(Continua)

(Continuação)

natureza potencialmente embaraçosa da localização dos cânceres, optamos por fazer grupos separados para homens e mulheres com câncer de intestino, por exemplo. Pensamos, entretanto, que poderiam existir algumas vantagens em fazer um número limitado de grupos que reunisse homens e mulheres e alguns grupos que incluíssem pessoas com diferentes tipos de câncer, dado que estes fossem suficientemente similares em termos de prognósticos e ausência de sintomas visíveis (o que poderia ser perturbador tanto para pessoas com a doença quanto para os outros participantes). O câncer de pulmão apresentou questões particularmente difíceis, inclusive garantir que os participantes em potencial ainda estivessem vivos quando estivéssemos prontos para estabelecer os grupos. Nesse caso, as implicações éticas de agrupar pessoas em diferentes estágios de progressão da doença foram colocados sob intenso foco.

Uma questão prática adicional era relacionada a se haveria indivíduos suficientes que correspondessem a nossos critérios de seleção para formar um grupo viável em qualquer uma das localizações. Levamos muito tempo organizando em um mapa da área a localização dos indivíduos com diagnósticos específicos que haviam expressado algum interesse em participar de um grupo focal, usando diferentes alfinetes coloridos para distintos tipos de câncer. Isso identificou aglutinações úteis e também nos levou a concluir, infelizmente, que fazer certos grupos em localizações específicas não era uma opção viável.

Havia, no entanto, um problema significativo que simplesmente não previmos. Havíamos, bastante ingenuamente, em retrospecto, pensado que nossos problemas tinham terminado em relação ao consentimento informado, dado que havíamos convidado as pessoas a serem voluntárias para os grupos focais. Entretanto, quando escaneamos os questionários completos para as informações sobre os diagnósticos dos indivíduos, descobrimos que havia um número razoável de pessoas que detalharam seus sintomas e trajetórias pelos serviços sem mencionar nenhuma vez a palavra "câncer" ou "maligno". Isso era mais do que simplesmente contornar os termos, e ficamos preocupados que alguns dos indivíduos estivessem realmente "em negação". De maneira surpreendente, praticamente todas as pessoas nessa situação haviam se voluntariado a participar de grupos focais "com outros com um diagnóstico similar ao meu", como descrevemos no questionário. Quais, nos perguntamos, poderiam ser as implicações de confrontar essas pessoas que não haviam "engolido" a ideia de ter um câncer com outras que falavam abertamente sobre diagnósticos e prognósticos? Por outro lado, seria ético excluir pessoas que haviam expressado desejo de participar a essa altura da pesquisa? Dado que nossos pesquisadores eram todos enfermeiros especializados em câncer (mas que trabalhavam com pacientes fora de sua própria atribuição geográfica), tínhamos, supostamente, pessoas à disposição com as habilidades necessárias para proporcionar suporte e aconselhamento. Depois de debater de forma extensiva essa questão, decidimos que, por mais que pudesse ser terapeuticamente benéfico para os indivíduos envolvidos, não gostaríamos que fossem os nossos grupos focais que fornecessem a confirmação de seus diagnósticos de câncer, já que isso era melhor informado, se fosse feito, pelo suporte dos profissionais de saúde que estivessem proporcionando apoio e tratamento para as pessoas envolvidas no estudo.

Logo após essas deliberações recebi uma carta da autoridade da área de saúde, informando que eles haviam decidido "assumir o projeto para que eles mesmos o concluíssem", e não sei relatar os resultados do estudo. Tenho fortes razões para suspeitar, contudo, que o componente qualitativo do trabalho foi suspenso indefinidamente.

questões éticas particularmente difíceis, ele demonstra que o que pode parecer à primeira vista uma decisão simples pode ter ramificações muito mais complicadas. Considerações éticas precisam ser consideradas não só durante a fase de planejamento da pesquisa, mas são cruciais para se executar uma pesquisa de boa qualidade, e atenção deve ser dedicada a elas durante todo o processo. O Capítulo 7 destina-se a examinar detalhadamente as considerações éticas que deveriam ser observadas no curso do empreendimento de pesquisa. Questões práticas e éticas são indissociáveis e ambas impactam produto final em termos do projeto de pesquisa. O próximo capítulo (Capítulo 6) lida com as nuances práticas envolvidas no planejamento e na execução dos grupos focais.

PONTOS-CHAVE

Assim como qualquer outro método, os grupos focais podem culminar em pesquisas de alta qualidade somente quando a devida atenção é dada ao desenvolvimento de um projeto de pesquisa rigoroso e apropriado. A amostragem é essencial para um bom projeto de pesquisa qualitativa. Os principais pontos deste capítulo podem ser resumidos como se segue:

- A amostragem é de importância crucial, pois detém a chave para o potencial comparativo de sua base de dados.
- O objetivo da amostragem "intencional" ou "teórica" é refletir a diversidade, não obter representatividade.
- Não há uma fórmula mágica para o número de grupos focais a serem desenvolvidos ou o número de participantes em cada grupo. Pelo contrário, isso depende das comparações que você deseja fazer, do tópico da pesquisa, do tipo de dados que você deseja gerar e como planeja analisar isso.
- Embora seja útil basear-se em uma tabela amostral que reflita as características de sua amostra ideal, você deve permanecer alerta a oportunidades adicionais proporcionadas por diferenças não esperadas entre os participantes.
- Você deve tentar ser "teoricamente sensível" em todo o processo de pesquisa, para poder perceber lacunas na cobertura ou potenciais para explorar distinções/diferenças adicionais.
- A amostragem de segundo estágio (subamostragem) pode ser extremamente valiosa para se seguir "palpites" desenvolvidos por meio da atenção prestada às vozes individuais dentro das discussões de grupo focal.
- Ainda que os grupos preexistentes possam viabilizar o acesso a discussões que se aproximam mais de situações da "vida real", eles trazem desafios em termos de manter o foco da pesquisa, e as implicações para os membros do grupo devem ser plenamente consideradas.

- Questões éticas são inextricavelmente unidas às decisões de planejamento da pesquisa sobre a amostragem. O efeito em grupos preexistentes de se fazer parte de discussões de grupos focais deve ser levado em consideração, e questões e exercícios devem ser projetados com isso em mente. Preocupações sobre as consequências para os indivíduos de conversarem com outros com determinadas características algumas vezes têm precedência sobre os requerimentos do plano de pesquisa.

LEITURAS COMPLEMENTARES

As publicações a seguir contêm orientações adicionais sobre como fazer amostragem em pesquisas com grupos focais:

Flick, U. (2007a) *Designing Qualitative Research* (Book 1 of *The SAGE Qualitative Research Kit*). London: Sage. Publicado pela Artmed Editora sob o título *Desenho da pesquisa qualitativa*.

Hussey, S., Hoddinott, P., Dowell, J., Wilson, P. and Barbour, R.S. (2004) 'The sickness certification system in the UK: a qualitative study of the views of general practitioners in Scotland', *British Medical Journal*, 328: 88-92.

Kitzinger, J. and Barbour, R.S. (1999) 'Introduction: The challenge and promise of focus groups', in R.S. Barbour and J. Kitzinger (eds), *Developing Focus Group Research: Politics, Theory and Practice*. London: Sage, pp. 1-20.

Kuzel, A.J. (1992) 'Sampling in qualitative inquiry', in B.F. Crabtree and W.I. Miller (eds), *Doing Qualitative Research*. Newbury Park, CA: Sage, pp. 31-44.

Mays, N. and Pope, C. (1995) 'Rigour and qualitative research', *British Medical Journal*, 311: 109-12.

6

QUESTÕES PRÁTICAS DE PLANEJAMENTO E EXECUÇÃO DE GRUPOS FOCAIS

Objetivos do capítulo

Após a leitura deste capítulo, você deverá:

- estar ciente das questões práticas envolvidas com o planejamento de grupos de foco;
- saber mais sobre o papel dos materiais de estímulo;
- compreender as habilidades necessárias dos moderadores;
- saber mais sobre como documentar grupos focais.

Seria uma pena desenvolver escrupulosamente seu projeto de pesquisa e estratégia amostral apenas para ser desapontado por não ter levado em consideração os elementos práticos envolvidos. Este capítulo fornece algumas orientações sobre as decisões e habilidades envolvidas no estabelecimento de sessões em grupo, o registro de discussões de grupo focal, as anotações e transcrições. As habilidades dos moderadores são consideradas e dicas são apresentadas a respeito de como introduzir o tópico aos participantes, administrar situações difíceis, desenvolver e usar guias de tópicos (roteiros) e selecionar materiais de estímulo apropriados. A importância do estudo-piloto é enfatizada. Finalmente, o capítulo discutirá o potencial das sessões de grupo focal para gerar materiais para uso em futuras discussões de grupos focais "de segundo estágio". Ainda que algumas armadilhas sejam mencionadas, junto com sugestões de como evitá-las, não há regras rígidas a seguir, já que, novamente, o foco do estudo e a questão de pesquisa são, em última análise, o que decidem essas questões (ver também Flick, 2007a).

ESTABELECIMENTO DA AMBIENTAÇÃO

Assim como foi discutido no Capítulo 4, a respeito do ambiente de pesquisa, é importante verificar a sala e reparar em quaisquer materiais (como pôsteres) que possam influenciar o conteúdo da discussão ou mesmo causar ofensa aos participantes. Pode ser recomendável visitar o lugar antecipadamente para garantir sua acessibilidade, principalmente se for previsto que alguns indivíduos com necessidades especiais ou mobilidade restrita possam participar. Para nosso estudo sobre pessoas procurando asilo político, decidimos tornar disponível uma creche, já que muitos participantes em potencial tinham responsabilidades maternais em tempo integral. Entretanto, isso exigiu uma inspeção adiantada dos locais por provedores de creches particulares, para garantir que os prédios atendiam a requisitos específicos de segurança, o que poderia atrasar o estabelecimento dos grupos.

Vale a pena considerar o fornecimento de refrescos como uma forma de demonstrar gratidão aos participantes e encorajar uma atmosfera relaxada. Existem, contudo, muitas armadilhas em potencial associadas a fornecer comida, já que os grupos focais podem ser compostos por indivíduos de várias comunidades religiosas e culturais que estipulam que certas comidas não devem ser consumidas ou que as comidas devem ser preparadas de um modo específico. Seria altamente insensível oferecer comida e bebida a um muçulmano praticante durante o Ramadã, por exemplo. Com grupos multiétnicos, a questão dos refrescos pode se tornar um verdadeiro campo minado para o pesquisador que não esteja ciente. Se os participantes têm determinadas limitações, eles podem ter dificuldades para engolir, tornando o consumo de comida potencialmente desastroso ou embaraçoso. Certos ingredientes crocantes podem ser contraindicados, pois eles possivelmente comprometerão a qualidade da gravação. Ao considerar esse último ponto, é importante descobrir se é possível que haja barulho vindo de salas adjacentes ou de transeuntes (o que também pode ameaçar a privacidade e a confidencialidade).

Se você pretende designar participantes a grupos menores para trabalhar em exercícios paralelos, pode ser uma boa ideia agendar salas separadas para depois dessa divisão. Nesses casos, pode ser útil contar com a ajuda de um moderador assistente para garantir que as transições ocorrerão tranquilamente e que há ajuda disponível caso os participantes precisem de alguma clarificação sobre as tarefas. Ainda que a literatura sobre grupos focais recomende sobrerrecrutamento devido à probabilidade de faltas no dia, também é possível que pessoas adicionais apareçam. Reservar uma segunda sala é uma opção relativamente fácil e barata que permite a execução de dois grupos focais paralelos, dado que você antecipadamente garanta um segundo moderador.

GRAVANDO E TRANSCREVENDO

Ainda que seja importante utilizar equipamentos de gravação de boa qualidade, que sejam aptos para o propósito de discussões de grupo, pode haver uma tendência, em alguns lugares, para a atenção às especificações do equipamento tomar conta e dominar a discussão. O equipamento – por melhor que seja – não pode compensar um mau planejamento de pesquisa ou uma moderação que não esteja sensível às nuances da discussão. Um gravador de boa qualidade, entretanto, é essencial. A tecnologia continua a evoluir em ritmo mais acelerado que os métodos de pesquisa. Quando eu comecei a fazer oficinas de grupos focais, a orientação era investir em um gravador de *minidisc* e um microfone separado, o que tinha a inconveniente complicação de exigir o *download* da gravação para uma fita cassete para que fosse possível usar uma máquina de transcrição com pedal. Essa orientação já foi tornada obsoleta pelo surgimento de uma nova geração de gravadores digitais, que são eminentemente portáteis e tornam-se cada vez mais baratos. Eles permitem ao pesquisador descarregar diretamente em seu computador o material para a transcrição, bem como podem armazenar grandes quantidades de dados. Contudo, eles variam a respeito de quanto suas baterias recarregáveis duram e é recomendável verificar isso ao selecionar um modelo. É possível adquirir microfones muito pequenos, mas altamente eficientes, que se conectam a essas máquinas. O melhor é, se possível, posicionar o gravador e o microfone em uma mesa no centro do grupo, mas para alguns grupos, como idosos com necessidades especiais (Barrett e Kirk, 2000) ou crianças (Kennedy et al., 2001), microfones instalados na parede podem ser preferíveis. É útil comparecer antes para verificar o local, para que você possa organizar a sala de modo a maximizar a qualidade de gravação.

Em geral, quanto menos complicado for o equipamento, menos pode dar errado. Muitos equipamentos modernos de gravação são compactos e discretos, mas ocasionalmente pode haver situações em que os participantes não concordem que você grave a discussão, e você deve estar preparado para fazer anotações. É importante que você esteja familiarizado com o equipamento antes de usá-lo com um grupo focal, portanto, garanta que você terá oportunidades suficientes de praticar até sentir-se confiante. Verifique se as baterias estão carregadas e se você carrega consigo as reservas, bem como se os microfones estão ligados e ativados (quando houver um botão de ativação separado). Também é interessante considerar o uso de uma máquina de gravação sobressalente, já que acidentes podem acontecer. Um moderador seguro, com o conhecimento de que duas máquinas estão gravando a discussão, é um moderador muito mais relaxado, mais apto a se concentrar na tarefa que tem em mãos.

Tem havido algum debate a respeito de se a gravação em vídeo é superior às fitas de áudio em termos de produzir o registro mais preciso de um grupo focal. Com certeza, os vídeos podem capturar todas as comunicações não verbais importantes e auxiliar na identificação dos falantes individuais. Enquanto a gravação em vídeo pode parecer obviamente a melhor opção, essa não é uma conclusão definitiva e pode haver desvantagens, como o acréscimo potencial do desconforto dos participantes, a dificuldade em anonimizar os indivíduos, os desafios logísticos quanto ao posicionamento da câmera, a capacidade de capturar todos os participantes no filme e as limitações no número de participantes que pode ser acomodado. Também suspeito que sessões gravadas em vídeo possam dar ao moderador licença de se esforçar menos e fazer com que ele entre "no piloto automático"; ter que manter "várias bolas quicando" ao mesmo tempo pode manter um moderador alerta. Com relação à qualidade da transcrição resultante, Armstrong e colaboradores (1997), que pediram a um grupo de pesquisadores experientes com grupos focais para uma análise de transcrições produzidas por gravações de vídeo e gravações de áudio de discussões, junto com notas detalhadas, descobriram poucas diferenças nos julgamentos de qualidade e compreensibilidade das duas formas de gravação das sessões, ainda que os registros escritos em forma de notas tenham sido considerados menos úteis (ver Rapley, 2007, para mais detalhes).

ANOTAÇÕES

Assim como com todos os momentos de pesquisa qualitativa, é recomendável registrar suas observações imediatas sobre a discussão do grupo focal, anotando qualquer característica saliente da dinâmica do grupo e suas próprias impressões sobre os tópicos e os pacientes mais engajados. Isso deve incluir referências a quaisquer paradigmas teóricos ou outros estudos de pesquisa que podem ser particularmente relevantes, pois isso ajudará você a reconstruir suas explicações emergentes em um momento posterior, quando você pode já tiver se esquecido de por que estava afetado por certas questões ou temas. O Capítulo 10 discute como esses detalhes podem ser utilizados com uma vantagem para aprimorar explicações sobre as diferenças entre transcrições geradas em grupos separados.

Tem havido alguma discussão na literatura sobre grupos focais quanto a como capturar melhor os *insights* dos moderadores em relação às características do grupo, aos participantes individuais e às dinâmicas do grupo. Enquanto Carey (1995) recomenda aos moderadores de grupos focais que simplesmente descrevam esses detalhes e os usem para esclarecer suas interpretações dos dados, Morrison-Beedy e colaboradores (2001) defendem que essas observações sejam sistematicamente incorporadas nas transcrições de forma similar a adicionar direções de palco, que permitem que elementos como tom de voz, expressões faciais e gestos sejam introduzidos pelo texto. Propondo uma abordagem próxima à sugerida por Traulsen e colaboradores (2004), que encorajam as equipes de pesquisa a "entrevistarem" os moderadores dos grupos focais, Stevens (1996) recomendou perguntar rotineiramente o mesmo conjunto de 12 questões. Enquanto isso pode até ser útil, é provável que possa resultar em uma abordagem um tanto rígida com um potencial limitado de esclarecer a análise, já que seria quase impossível antecipar todos os detalhes relevantes. (Esse tópico é revisitado em relação ao desenvolvimento de análises sofisticadas, que é o assunto do Capítulo 10.)

Ainda que o grupo provavelmente seja a principal unidade para a análise, também é importante que o pesquisador seja capaz de distinguir as vozes individuais, particularmente se ele quiser aproveitar oportunidades inesperadas para comparações por meio da convocação de grupos adicionais, ou simplesmente utilizar comparações intragrupo na análise. Kavern e Webb (2001) defendem que seja anotada a ordem em que os participantes falam e recomendam que o anotador também registre algumas palavras-chave de cada fala. Entretanto, transcritores com quem já trabalhei ressaltaram a utilidade de anotações que registram as primeiras palavras ditas em cada fala. Isso, segundo eles, é mais útil, uma vez que permite identificar cada falante sucessivo sem ter que voltar a fita e, portanto, diminui de forma sigificativa o tempo de transcrição.

Ainda que estar presente no grupo focal de outra pessoa possa ser uma valiosa experiência de aprendizado para o pesquisador novato, minha própria experiência em pedir a pessoas que tomem nota das sequências da conversa sugere que isso talvez seja mais bem feito por alguém que não um pesquisador acadêmico, já que a tentação de se desviar pelo muitas vezes fascinante conteúdo da interação pode agir contra a anotação precisa e consistente.

Todavia, há vários passos que o moderador pode executar, como pedir aos participantes que se apresentem uns aos outros (observando cortesias comuns) e usar os nomes das pessoas durante a discussão, o que facilita essa tarefa. A apresentadora de um programa de auditório Edna Everage (personificada pelo comediante Barry Humphries) oferece uma lição dolorosamente objetiva – talvez até uma paródia – das habilidades envolvidas. Nesse programa, a apresentadora designa crachás para os convidados, geralmente tomando a liberdade de conferir variantes bastante familiares de seus nomes, e também usando seus nomes quando se dirige às pessoas enquanto "modera" a discussão. Pense sobre as vantagens proporcionadas por uma abordagem similar, mas um tanto suavizada, permitindo uma atenção aos detalhes.

Um moderador assistente também pode ser um recurso valioso para lidar com quaisquer questões domésticas que podem aparecer, como um participante incomodado que precise ser atendido. Também é útil trabalhar em duplas (talvez como parte de um arranjo recíproco, quando apenas um pesquisador é designado a um projeto), o que facilita as anotações em sequências de falas ou conteúdos da discussão e também permite (dado que você tenha reservado mais de uma sala) que grupos paralelos sejam realizados, no caso de aparecerem mais pessoas do que você esperava. Em termos de agendamento de seus grupos focais, é recomendável deixar tempo suficiente entre as sessões para permitir que você verifique se a discussão foi gravada com sucesso. Dado que você tenha deixado tempo suficiente e faça isso tão logo quanto possível depois da realização de sessão de grupo focal ter ocorrido, é surpreendente o quanto você pode recordar da discussão, em especial com a ajuda de anotações.

DECISÕES SOBRE A TRANSCRIÇÃO

Uma das melhores orientações para o pesquisador novato com grupos focais é que faça ele mesmo parte da transcrição. Isso faz de você um moderador muito mais atento no futuro, já que lhe colocará cara a cara com a frustração de notar onde você negligenciou deixas interessantes, onde falhou em buscar esclarecimentos ou a convidar os participantes a concluírem sentenças que foram interrompidas. Também acrescenta a vantagem de fazer você apreciar muito mais as habilidades dos transcritores contratados para produzir as transcrições do grupo – muitas vezes com pouca orientação dos pesquisadores quanto a seus requisitos em relação ao *layout*. Alguma informação sobre o uso que você pretende fazer das transcrições também pode ser muito útil ao digitador encarregado dessa responsabilidade. Fazer um pouco de sua própria transcrição também paga dividendos em termos de você se familiarizar com os dados.

Muitos pesquisadores presumem que eles precisam ter transcrições literais. Entretanto, isso em si, não confere automaticamente mais rigor do que se basear em notas, ou ouvir diversas vezes gravações infere necessariamente que o procedimento carece de rigor e cuidado. Isso é uma propriedade do processo de pesquisa e não está muito relacionado de perto com a presença ou ausência de transcrições literais. Entretanto, transcrições literais abrem a possibilidade de retornar seus dados em uma data posterior, talvez para reanalisá-los a partir de novos *insights* que você teve em estudos subsequentes ou a partir de novas leituras.

Tão veneradas são as transcrições no processo da pesquisa qualitativa que raramente questionamos o seu valor ou os modos pelos quais elas são produzidas. As transcrições, requerem certas habilidades especiais e envolvem a transformação de discussões ligeiras e acaloradas em texto (Poland e Pederson, 1998, p. 302). Portanto, é importante ter em mente o que pode ficar de fora de uma transcrição, como Macnaghten e Myers (2004) também observam. Jenny Kitzinger recomenda a leitura das transcrições enquanto se ouve a gravação original, com a anotação simultânea (com a ajuda de suas notas de campo) de quaisquer gestos, ênfases e expressões (Kitzinger e Barbour, 1999).

A análise de conversação requer que as transcrições sejam produzidas de acordo com um conjunto de convenções, utilizando uma série de símbolos para indicar determinadas características da conversa. Tal atenção aos detalhes é crucial, já que, de acordo com analistas de conversação, "nenhuma faceta da fala, seja uma pausa, uma correção, uma mudança no tom ou volume, ou mesmo um espirro, devem ser presumidos como irrelevantes para a interação" (Puchta e Potter, 2004, p. 3). Como Puchta e Potter (2004) afirmam, essa estrutura de trabalho pode ser difícil de se utilizar no começo – tanto para o pesquisador quanto para o digitador – já que é apinhada de símbolos indicando configurações da fala e entonação. (Ver Silverman, 1993, ou o apêndice fornecido por Puchta e Potter, 2004, para um glossário dos símbolos necessários para uma "transcrição jeffersoniana", como essa abordagem é chamada, e também Rapley, 2007.) Para aqueles que estão interessados em fazer análise de conversação, Puchta e Potter (2004) também recomendam a consulta de Hutchby e Wooffitt (1998) e Have (1999).

Mesmo se uma rigorosa análise de conversação não for seguida, o analista de grupos focais comum pode aprender muito com essa atenção aos detalhes, e anotações úteis sobre as entonações, interrupções e linguagem corporal podem ajudar na análise. (Isso também é discutido no Capítulo 9.)

INÍCIO

É vantajoso considerar os aspectos da apresentação do moderador e garantir que qualquer coisa provável de enfatizar diferenças de *status* seja minimizada. Gray e colaboradores (1997), que realizaram grupos focais com jovens no ambiente escolar, explicam sua abordagem, que envolveu vestirem-se de forma casual e usarem uma linguagem coloquial. É essencial, de início, explicar o propósito do grupo e reforçar que tudo será anônimo, além de assegurar a concordância dos membros do grupo de que eles respeitarão a confidencialidade. Também é essencial dar algum tempo para instruções. Não só isso segue as regras normais de cortesia em encontros sociais como também ajuda com o reconhecimento da voz e, portanto, com a atribuição dos comentários a membros específicos do grupo durante a transcrição.

Ainda que muitos projetos se beneficiem com o compartilhamento dos objetivos de pesquisa com o participante, há situações em que não ajudaria nada explicar isso em detalhes para os participantes do grupo focal. Um exemplo é proporcionado pelo trabalho de Gray e colaboradores (1997), que buscava o estabelecimento do impacto de imagens de cigarros presentes em revistas nas percepções dos jovens sobre os indivíduos e os estilos de vida representados. Aqui os pesquisadores tomaram cuidado para não revelarem que o foco da pesquisa era o tabagismo. Isso é mais próximo de noções tradicionais de contaminação e se relaciona apenas com algumas situações de pesquisa, como a descrita aqui, em que a intenção é investigar as respostas automáticas.

HABILIDADES DOS MODERADORES

Ainda que muitos dos textos sobre pesquisa de *marketing* apresentem o moderador do grupo focal como alguém que apresenta habilidades excepcionais, é interessante ter em mente a principal habilidade característica dessa indústria, que é o próprio *marketing*. Pesquisadores de *marketing* são engajados na venda de um produto (o grupo focal e o moderador) para um cliente, então seria uma surpresa se eles não fossem bons vendedores e se não houvesse algum grau de "entusiasmo" envolvido.

Outros autores (p. ex., Puchta e Potter, 2004), entretanto, enfatizaram a transferência das habilidades já apresentadas em muitos indivíduos, em particular aqueles que possuem experiência em trabalhar com grupos, presidir mesas, ou mesmo aqueles que são bons comunicadores em situações sociais. Apesar de que alguns indivíduos indubitavelmente são predispostos a esse tipo de interação, existem algumas dicas úteis que podem ser passadas a moderadores, que dependem da antecipação de problemas comuns e da construção de estratégias para fazer uso ao lidar com eles. Novamente, a preparação emerge como a ferramenta mais valiosa à disposição do pesquisador. Um dos pontos mais importantes a se lembrar é que o bom moderador também deve manter um olho atento a distinções, qualificações e tensões que tiverem potencial analítico. A próxima seção fornece alguma orientação sobre como administrar situações difíceis e como selecionar ou desenvolver guias de tópicos e materiais de estímulo efetivos.

LIDANDO COM SITUAÇÕES DIFÍCEIS

De forma bastante surpreendente, Murphy e colaboradores (1992) incluem em sua lista de situações potencialmente problemáticas aquelas em que os participantes estão discordando ou discutindo. A menos que essa seja uma disputa particularmente acrimônia, minha resposta seria que isso está proporcionando dados valiosos. Frey e Fontana (1993) afirmam que os grupos focais permitem ao pesquisador colocar, de maneira sutil, as pessoas umas contra as outras e explorar as divergências de opinião dos participantes. Mais uma vez, em lugar de ver a discordância como um problema, o segredo é transformar isso em uma vantagem e usá-la como um recurso na análise. Em vez de procurar avançar a discussão em outro assunto, meu conselho seria explorar e convidar os participantes a teorizar sobre por quê eles têm essas visões diferentes. Isso muitas vezes ocorrerá de forma natural, já que os participantes dos grupos focais, em geral, não querem que a sessão transforme-se em um "bate-boca" e eles mesmos provavelmente tentarão encontrar uma solução para as perspectivas conflitantes.

Como pesquisadores, precisamos examinar continuamente nossos próprios pressupostos sobre o grau de poder que exercemos. Ainda que o moderador desempenhe um importante papel, sua voz é apenas uma entre várias e outros participantes também têm habilidades sofisticadas de trabalho em grupo. Muitas vezes é outro participante do grupo focal que ajuda a libertar um facilitador que foi posto contra a parede, seja prosseguindo a discussão, seja redirecionando os membros do grupo para a questão ou tarefa central, seja mesmo cortando outro participante diretamente. Green e Hart (1999) contam como crianças em um grupo focal realizado em uma escola reprovavam seus pares brincando com massa de modelar depois que a discussão havia sido iniciada pelo facilitador (1999, p. 27).

Bloor e colaboradores (2001, p. 48-49) nos lembram de que a tarefa do moderador é facilitar o grupo, não controlá-lo. Desacordos podem ser inestimáveis recursos analíticos, dado que o facilitador perceba e explore as razões por trás das diferenças de ênfase ou opinião. De fato, essa abordagem é similar a alguns modelos de intervenção com relação a soluções de conflitos, que envolvem fazer indivíduos em lados opostos entenderem o ponto de vista um do outro.

Ainda que algumas vezes seja presumido que entrevistas individuais sejam mais apropriadas que grupos focais para explorar tópicos delicados, discussões em grupo também têm suas vantagens, incluindo que elas não forçam todos os participantes a responderem todas as questões e permitem a eles decidir o que querem compartilhar e o que desejam manter privado. Com o encorajamento proporcionado pelos membros do grupo que de fato fazem revelações pessoais, entretanto, é possível que alguns participantes acabem explorando mais do que haviam pretendido diante de tais trocas (Kitzinger e Farquhar, 1999). Certamente é crucial que asseguremos uma concordância a respeito da confidencialidade no início das discussões de grupo focal. Também é importante ter em mente o potencial para os participantes serem coagidos a fazer revelações de que se arrependam em retrospecto. Contudo, algumas vezes podemos, como pesquisadores, ser um pouco "preciosistas" demais sobre isso e, talvez, dado que tomamos todas as precauções necessárias, devêssemos ser mais confiantes quanto a permitir aos participantes do grupo focal "fazerem seus próprios julgamentos".

A maior parte dos manuais de grupos focais fornece orientações sobre como lidar com membros problemáticos do grupo, seja a pessoa dominante, seja o indivíduo que reluta a contribuir para a discussão. Em vez de colocar o indivíduo como problemático, o melhor conselho provavelmente seja refletir sobre o processo do grupo e levar isso em consideração na sua resposta. É provável, por exemplo, que as pessoas que estiveram silenciosas até agora estejam bem cientes de seus fracassos em engajar-se. Quanto mais longo o tempo que passam sem dizer nada, mais provavelmente sentirão que sua primeira manifestação deverá ser pertinente ou reveladora. Um convite do facilitador – mesmo que isso meramente proporcione uma oportunidade de ecoar comentários já feitos – pode ser uma fonte de alívio para o desconfortável membro do grupo que está quieto. É um pouco raro que um participante esteja simultaneamente inexpressivo, tanto verbal quanto não verbalmente. O facilitador pode proporcionar uma abertura ao, por exemplo, ao reparar em comportamentos não verbais, como um sorriso, um aceno de cabeça ou um olhar surpreso.

De forma similar, Murphy e colaboradores (1992) recomendam aos pesquisadores que lidem com as angústias dos participantes, escutando-as e redirecionando o assunto para longe dessas angústias que forem irrelevantes para a pesquisa. Enquanto esse é um bom conselho, é importante reconhecer a propensão dos grupos focais de eliciarem "histórias de horror". Isso se torna aparente quando consideramos encontros sociais paralelos. Por exemplo, quem fará a fria declaração de que teve uma boa experiência no dentista, quando outros estão dominando a atenção com macabras histórias de dentes extraídos antes de a anestesia ter tido efeito? Com certeza, angústias nem sempre são pertinentes ao tópico de pesquisa em questão, mas essas histórias aparecerão e provavelmente é melhor acompanhá-las em vez de tentar lutar contra elas. Além disso, histórias de horror tendem a revelar muito sobre expectativas, assim como exceções destacam bastante os padrões regulares subjacentes.

DESENVOLVIMENTO E USO DE GUIAS DE TÓPICOS

Estabelecer um guia de tópicos (roteiro) para uma discussão de grupo focal requer algo similar a um ato de fé. Pesquisadores novos aos grupos focais invariavelmente ficam desconcertados pela aparente brevidade dos guias de tópicos (roteiros) e precisam ser convencidos de que umas poucas breves questões e materiais de estímulo bem selecionados serão suficientes para provocar e sustentar uma discussão. Contudo, a brevidade dos guias de tópicos (roteiros) dos grupos focais não faz jus à quantidade de trabalho envolvida em seus desenvolvimentos. A chave para isso é antecipar a discussão, imaginando as possíveis respostas para suas manobras conversacionais e, preferencialmente, fazer estudos-piloto dos guias de tópicos (roteiros) ou de questões específicas antes de usá-los em seu projeto de pesquisa principal. Se sua pesquisa contém uma questão central, você pode cogitar tentar utilizá-la durante suas próprias reuniões sociais, como jantares ou com um grupo de amigos e conhecidos "no barzinho". Suas questões estão demasiadamente focadas no indivíduo ou detalhadas demais se esses contatos sociais sentirem que você os está colocando sob holofotes. Se tem havido muita cobertura da mídia, por exemplo, sobre novidades a respeito da clonagem de seres humanos, você pode nem precisar trazer o assunto, o que dirá utilizar um guia de tópicos (roteiro), ainda que discussões que ocorram espontaneamente possam dar a você direcionamentos muito úteis no que tange a estabelecer um guia de tópicos (roteiro) para seu projeto. Como um escritor, o pesquisador qualitativo está sempre pronto para aproveitar os próprios encontros sociais: é tudo "lenha para a fogueira".

ORDEM DAS QUESTÕES E DOS EXERCÍCIOS

Assim como com todas as ferramentas de pesquisa, é importante considerar a ordem das questões. Antes de discutir isso, entretanto, considere se você pode coletar qualquer informação de rotina de uma forma protocolar. Isso faz um uso mais eficiente tanto do tempo do moderador quanto do transcritor. De acordo com a orientação-padrão fornecida na maioria dos manuais de grupo focal (Basch, 1987; Murphy e colaboradores, 1992), o uso de questões gerais inofensivas é recomendado para facilitar a entrada no tópico escolhido.

Murphy e colaboradores (1992) salientam a utilidade de itens que permitem a cada respondente compartilhar uma visão ou experiência nos estágios iniciais de grupos focais. Ao propor questões, também pode ser útil apelar à boa vontade de outros grupos para discutir tópicos delicados, usando uma abertura como a sugerida por Murphy e colaboradores, "no grupo da noite passada, alguns participantes sentiram que ..." (Murphy et al., 1992, p. 39).

Os autores (1992) também defendem o uso de itens colocados estrategicamente para adicionar humor e vinhetas de caso para explorar visões ou experiências, quando muitas variáveis estão envolvidas. Ainda que as questões devam ser abertas, intervenções são importantes e são realmente usados como um lembrete para o pesquisador levantar quaisquer questões que não sejam espontaneamente mencionadas. O uso de intervenções, entretanto, é mais difícil do que se poderia imaginar em princípio e é uma habilidade que é desenvolvida com o tempo. Uma das coisas mais difíceis para o pesquisador novato – ou moderador de grupo focal – é tolerar o silêncio, e pode haver uma tentação de se usar intervenções (fechando, então, a discussão) enquanto os participantes estão, na verdade, ainda pensando sobre sua questão e formulando a reposta (Barbour et al., 2000). Uma das funções das intervenções é obter esclarecimentos, ao pedir aos participantes para expandir ou explicar seus comentários ou esclarecer o uso de um termo em particular.

Conselhos como o de começar com perguntas inofensivas e ir progredindo para as mais delicadas são úteis, mas os grupos variam na velocidade com que se sentem confortáveis para progredir, e alguns participantes podem ser menos inibidos do que outros. Os manuais de grupos focais algumas vezes enfatizam exageradamente o grau de controle que um moderador tem sobre a sequência e o conteúdo do questionamento, já que outros membros do grupo podem colocar questões aos outros fora da sequência e podem até formular questões que são mais delicadas do que aquelas que o pesquisador havia decidido usar.

Também leva tempo e prática para se tornar confortável com o uso de um guia de tópicos semiestruturado. Mesmo em entrevistas individuais, o pesquisador deve estar preparado para mudar a sequência das perguntas em resposta às questões levantadas pelo entrevistado e precisa manter-se alerta para que ele possa captar quaisquer comentários potencialmente interessantes. Os moderadores de grupos focais também precisam reagir rapidamente e lembrarem-se de que o guia de tópicos (roteiro) é apenas um guia flexível, não um protocolo detalhadamente estruturado (Murphy et al., 1992, p. 38).

Uma útil explicação da lógica por trás do conteúdo e da ordem das questões e exercícios é fornecida por Gray e colaboradores (1997) em seu estudo das respostas de jovens a imagens de pessoas fumando em revistas para jovens. Eles as dividem para poderem explicar as razões tanto práticas quanto teóricas por trás das tarefas. Entre as razões práticas estavam a necessidade de deixar os participantes relaxados, tornando as tarefas agradáveis, proporcionando variedade, enquanto as preocupações teóricas eram relacionadas à identificação do destaque do cigarro nas figuras apresentadas e ao estabelecimento de quão rápido os participantes notavam sua presença.

TIPOS DE MATERIAIS DE ESTÍMULO

Quadrinhos podem ser especialmente efetivos como materiais de estímulo para grupos focais, já que em geral expressam de forma sucinta e de uma maneira divertida dilemas difíceis e ásperos, mas tiram a dor de se pensar sobre isso. Eles, então, simultaneamente quebram o gelo e dão permissão a levantarem-se questões difíceis. Umaña-Taylor e Bámaca (2004) também salientaram o potencial do humor para eliciar respostas em grupos focais.

Quando o principal propósito dos materiais de estímulo for quebrar o gelo, obviamente faz sentido introduzir o material cedo na discussão, assim como foi feito com um conjunto de grupos focais que visava a eliciar as visões das pessoas sobre serviços de atenção primária em uma região pobre. Cientes do potencial para um projeto de pesquisa de uma universidade ser visto como elitista ou intelectual demais, optamos por usar uma imagem de uma novela televisiva, *Peak Practice*, que representava o desenrolar dos eventos em uma prática ficcional de um grupo de atenção primária. É importante mencionar que, todos os participantes estavam familiarizados com esse programa de TV e foram capazes de contextualizar sua própria prática com o CG (clínico geral ou médico de família) usando isso como ponto de referência. O facilitador monstrou a fotografia e perguntou: "esse é um clínico geral que vocês provavelmente já conhecem. Como sua própria relação com seu CG se compara a essa?" Esse exemplo ilustra o triplo valor dos materiais de estímulo:

- Sua utilidade em quebrar o gelo e inserir humor.
- Sua capacidade de estimular discussões.
- O potencial que proporcionam para comparações entre grupos.

Materiais de estímulo, entretanto, não precisam ser frívolos. Crossley (2002) usou panfletos de promoção de saúde para explorar a resistência a orientações profissionais, que haviam sido indicadas por participantes em um grupo focal. Recortes de jornais garantem um acesso fácil a questões centrais, e seu uso nos grupos focais espelha discussões que ocorrem naturalmente de tais itens no curso de conversas cotidianas. Em vez de trazer diretamente com os profissionais seus próprios medos de críticas e litígios, escolhemos usar um recorte de jornal bem recente, para nossos grupos focais desenvolvidos para a exploração dos desafios do trabalho envolvendo tanto problemas de saúde mental quanto questões de proteção à criança. O recorte relatava um incidente em que uma mulher, sem um diagnóstico psiquiátrico definitivo, havia recebido seu bebê de volta para cuidado, apenas para atirá-lo de uma ponte dias mais tarde. Esse artigo continuava questionando a falta de um diagnóstico, citando um psiquiatra que fornecia um diagnóstico de desordem de personalidade após o evento, e então especulava sobre quem era o culpado por essa tragédia. Não é nenhuma surpresa o fato de que isso gerou um debate passional, com profissionais confessando que esse era seu "pior pesadelo" e questionando como é possível se dar conta antes de o evento acontecer.

Para o estudo que buscava explicar o aparente número de incidentes racistas não denunciados, usamos materiais da campanha nacional do governo escocês, "Uma Escócia, muitas culturas", para estimular a discussão a respeito de como definir racismo e o que constituía uma resposta apropriada a diferentes situações. Isso também foi central, pois os anúncios estavam sendo exibidos na televisão durante o período do estudo.

DESENVOLVENDO MATERIAIS DE ESTÍMULO PARA FACILITAR A TAREFA ANALÍTICA

Como já foi destacado, os dados gerados em uma discussão de grupo refletirão a dinâmica deste, em vez de proporcionarem um registro fiel das visões dos participantes individuais. Entretanto, em alguns projetos de pesquisa é extremamente útil obter *insights* das diferenças entre perspectivas privadas e públicas. Esses *insights* podem aparecer espontaneamente ou o pesquisador pode construir esse potencial comparativo ao combinar grupos focais e entrevistas individuais (como fez Michell, 1999). Uma via alternativa para explorar essas questões envolve o uso judicioso de exercícios escritos complementares dentro de uma sessão de grupo focal, o que também pode proporcionar acesso às visões e preocupações individuais. Além disso, tal abordagem tem o valor agregado de permitir uma comparação fácil entre comentários privados e o discurso compartilhado em uma ocasião específica.

Em nosso projeto de pesquisa sobre o gerenciamento de enfermeiras comunitárias na atenção primária, estávamos especialmente interessados em como os membros da equipe percebiam os papéis e contribuições uns dos outros e suas visões sobre como facilitar um efetivo trabalho em equipe. Tomando emprestada uma abordagem de que havia me impressionado em uma sessão de aprimoramento de pessoal que eu havia participado na Universidade de Glasgow, projetei um livreto para ser completado durante a sessão, com comentários escritos precedendo a discussão de grupo sobre questões específicas. Os primeiros três itens no livreto eram seguidos, cada um, por uma discussão, como detalhado a seguir (ver Quadro 6.1).

O Exercício 4 consistia em três cenários separados de pacientes hipotéticos. Para cada um deles, os participantes do grupo focal eram requisitados a responder que membro da equipe estaria envolvido em providenciar cuidado e quais ações eles consideravam que seriam apropriadas. Esses cenários foram projetados, com a ajuda de profissionais de saúde especializados, com o objetivo de refletir as áreas indefinidas da prática, em que as tarefas poderiam, em princípio, ser executadas por mais de uma categoria

---

QUADRO 6.1 EXERCÍCIOS ESCRITOS

Questão Um:

Dado que as equipes de atenção primária variam em composição, qual a extensão da equipe que você acha que deveria ser incluída para servir a uma área similar à sua?

(Isso era seguido por um exercício de *"flip chart"* em que as equipes produziam uma "lista de desejos" de representação profissional e acesso aos serviços.)

Questão Dois:

Você consegue pensar em uma lista de fatores que contribuem para uma boa relação de trabalho? (Estamos cientes de que, ao responder essa questão, você pode ter que pensar também sobre os fatores que impedem o desenvolvimento de uma boa relação de equipe de trabalho. Use o espaço fornecido para anotá-los. Não iremos, contudo, solicitar que você fale sobre os aspectos negativos na discussão de grupo.)

Fatores que contribuem:

(Fatores que impedem:)

Questão Três:

Este exercício é puramente escrito e não será explorado na discussão de grupo. Pretende-se que ele funcione como um memorando para você utilizar em relação ao exercício 4.

Você pode descrever a contribuição que cada categoria profissional representa para a equipe de atenção primária? O que cada um é especialmente bom em fazer?

Enfermeira distrital: Enfermeira regular:

Auxiliar/enfermeira do estado: CG:

Agentes de saúde: Assistente social:

Outros (favor especificar):

profissional e incluíam diversas situações, como pacientes terminais com AIDS, um homem isolado com úlcera na perna e problemas de moradia que recentemente sofreu uma perda, e uma jovem mãe com depressão pós-parto potencial. O conteúdo dependerá, é claro, dos interesses da pesquisa do projeto em questão. Nesse caso, estávamos focando como o trabalho era distribuído nas equipes e como eles percebiam os papéis e as responsabilidades uns dos outros, de modo que era necessário ter exemplos que não fossem evidentes e que provavelmente provocassem algum debate. Vinhetas são uma ferramenta bem estabelecida na pesquisa de levantamento (Finch, 1984), mas podem funcionar particularmente bem em um ambiente de grupo focal, o que tem o valor adicional de eliciar comentários sobre os aspectos específicos de cenários similares, mas diferentes, que dariam uma maior preocupação ou favoreceriam outra resposta.

Gray e colaboradores (1997) tomaram a abordagem original de utilizar imagens digitalmente alteradas para permitir a avaliação do impacto de fotos tanto com quanto sem a presença de um cigarro. Isso também envolveu separar os participantes do grupo focal em pequenos grupos destacados para executarem os exercícios relacionados, de forma que exigiu bastante planejamento antecipado para garantir que a discussão permanecesse separada. Mais comumente, entretanto, essa "contaminação" não é uma grande preocupação em relação aos exercícios que, provavelmente, serão usados em estudos com grupos focais.

A seleção ou desenvolvimento de materiais de estímulo não é uma ciência exata nem a seleção de materiais requer um nível de habilidade fora do comum. Contudo, fazer um estudo piloto – e, ocasionalmente, buscar a orientação de um especialista, como no caso acima – é essencial para se estar confiante de que o material provavelmente provocará discussões acerca dos tópicos relevantes à pesquisa, em vez de resultar em discussões desvinculadas à questão de pesquisa.

DESENVOLVIMENTO DE UM INVENTÁRIO E UM ESTUDO-PILOTO DE MATERIAIS DE ESTÍMULO

Materiais de estímulo nem sempre têm o efeito desejado. Nunca podemos ter certeza dos significados subjacentes que os materiais podem ter para os participantes. Os pesquisadores devem monitorar cuidadosamente o impacto dos materiais de estímulo e dos exercícios e devem se preparar para modificá-los ou retirá-los, se eles demonstrarem ter consequências indesejadas. Burman e colaboradores (2001), por exemplo, relatam que abandonaram o uso de vinhetas e atividades de interpretação de personagens em seu estudo com meninas adolescentes e violência depois de isso ter levado, em uma situação, a uma briga de socos que culminou em uma menina se ferindo. Mesmo quando o desfecho não é tão dramático, um estudo-piloto pode sugerir que um material de estímulo é candidato a ter resultados indesejados (ver Quadro 6.2).

Grupos focais são bons para explorar as perspectivas das pessoas sobre questões nas quais elas não haviam pensado muito. Em um estudo sobre as visões e experiências de profissionais sobre testamentos em vida (Thompson et al., 2003a), Thompson sabia que ele provavelmente estava falando com indivíduos com vários graus de exposição a esses documentos. Portanto, nós optamos por fornecer uma vinheta clínica hipotética, que os encorajava a debater as questões envolvidas na aplicação dessas instruções antecipadas naquela situação específica. O cenário hipotético foi desenvolvido para refletir dilemas da vida real relacionadas à implementação de testamentos em vida e foi especificamente pensado para "criar dissonância entre a ética da beneficência e o respeito à autonomia" e, portanto, para provocar diferenças de opinião e discussão (ver Quadro 6.3).

QUADRO 6.2 UM EXEMPLO DE MATERIAL DE ESTÍMULO MALSUCEDIDO

Durante uma oficina de grupos focais sobre o tema dos desafios da criação de filhos, eu decidi utilizar um recorte de jornal de um tablóide do Reino Unido (*Scottish Daily Mail*, de segunda-feira, dia 14 de janeiro de 2002: matéria principal), que se referia ao Príncipe Harry tendo sido exposto na condição de abusar de drogas e álcool. Ele foi citado dizendo: "eu sinto muito, pai", o que fornecia a manchete para a edição. Eu havia previsto que o fato de esse problema ter se estendido até a realeza daria aos participantes a permissão de admitir suas próprias preocupações e revelar inquietações sobre seus potenciais desfechos como pais. Entretanto, esse material não teve o efeito desejado, estimulando, pelo contrario, uma discussão animada sobre a Família Real e suas inter-relações, em vez de relações entre pai e filho. De fato, esses relacionamentos pareceram ser menos interessantes do que a oportunidade de especular se o Príncipe Charles se casaria com Camilla Parker-Bowles.

☑ EMPREGO DE GRUPOS FOCAIS PARA DESENVOLVER MATERIAIS DE ESTÍMULO

Os próprios grupos focais podem ser usados para gerar materiais de estímulo, tanto para uso em grupos posteriores quanto para desenvolver vinhetas para uso em pesquisas qualitativas ou, de fato, para a incorporação em um questionário (Barbour, 1999b). Em nosso estudo das visões e experiências dos CGs sobre atestagem de doenças (Hussey et al., 2004), a primeira rodada

> **QUADRO 6.3 VINHETA CLÍNICA HIPOTÉTICA**
>
> A paciente tem 78 anos de idade. Ela mora sozinha em uma casa de repouso. Até a aposentadoria ela trabalhou como secretária do diretor de uma escola privada. Ela tem uma filha dedicada que a visita duas vezes por dia e outra filha "lá do sul" que a visita de vez em quando.
>
> A paciente vive com demência. Ela pode falar e se alimentar e precisa de alguma ajuda ao se vestir. Ocasionalmente vagueia durante a noite. Sua saúde física é boa, de modo que não está atualmente sendo tratada por qualquer condição médica, tendo feito exames extensos no hospital um ano atrás.
>
> Ela reconhece sua filha e fica feliz ao vê-la, mas o repertório de sua conversa é limitado – a filha praticamente faz toda a conversa durante as visitas. Ela é incapaz de ler – algo que até três anos atrás ela fazia avidamente. Ela não é demandante, é popular com os profissionais e não parece ser perturbada.
>
> Ela fez um testamento em vida aos 70 anos de idade, enquanto ainda dispunha de uma boa saúde mental e física. Ele foi fornecido à instituição quando ela chegou, 18 meses antes.
>
> Uma noite, após um passeio, ela volta com febre alta. O médico é chamado e um exame indica que ela tem pneumonia. Em tratamento com antibiótico, ela pode se recuperar plenamente; sem ele, há uma chance significativa de morte.

de grupos focais gerou discussões espirituosas e desvelou uma ampla variedade de respostas potenciais, incluindo alguns exemplos de comportamento nos extremos do espectro entre aquiescer a todas as demandas do paciente (em uma extremidade) e desafiar todas as requisições dos pacientes (na outra extremidade). Em vez de nortear a discussão nesses grupos de pares, tais comentários acabaram servindo como materiais de estímulo, dando aos participantes permissão a admitirem – ou ao menos considerarem – essas respostas e localizar suas próprias posições em referência a esse *continuum* (ver Quadro 6.4).

Outras informações das investigações feitas nessas discussões de grupo focal (junto com uma lista completa das categorias codificadas desenvolvidas) podem ser encontradas no *website* do *British Medical Journal*, que permite o depósito de materiais suplementares. Isso pode ser acessado eletronicamente por um *link*, a partir do artigo original (Hussey et al., 2004).

O potencial das sessões de exposição para gerar mais dados é muitas vezes desprezado. Contudo, apresentar achados preliminares pode proporcionar uma oportunidade de envolver os participantes da pesquisa em um trabalho colaborativo para complementar explicações. Essa é uma abordagem muito mais útil do que simplesmente ver tais exercícios como provendo uma corroboração dos achados por meio da "validação pelo respondente"

Grupos focais ▪ 121

QUADRO 6.4 EXPLORAÇÕES ADICIONAIS DERIVADAS DE GRUPOS FOCAIS

CG2: [...] então, acabei de desistir de me preocupar sobre se estou atuando como o controlador de acesso para o Departamento de Seguro Social ou para a Agência de Benefícios, ou para o que quer que seja. Muitas outras coisas para se pensar; muitas outras prioridades. Lamento muito – eu apenas nem paro para pensar. O paciente quer um procedimento – está bem, aqui está.

CG3: Depois que a fraude da Agência de Benefícios foi desmantelada, uns 18 meses atrás, eu fiz alguns telefonemas (usei o 141 antes de discar). Eu reportei informações que havia obtido, circunstancialmente, você sabe, informações de terceiros que levaram a essa pessoa a ter seu Benefício Permanente por Deficiência revisado.

MATERIAL EXPLORATÓRIO 5:

Eu me deparei com uma moça logo antes do almoço, uma vez que entrou e executou uma performance absolutamente digna do Oscar: ela não podia sentar, estava em agonia por dor nas costas (risadas do grupo), testa enrugada, você sabe, quase suando frio, e com a perna rija – o esquema todo. Eu não podia, não podia mandá-la embora. Então, enfim, eu tive que dar o remédio. Então, isso foi algo como cinco para uma. Eu estava indo para casa 10 minutos depois – eu a vi caminhando a passos rápidos lá atrás – mais em forma que Linford Christie, sabe, e ela havia acabado de me enganar ... e eu apenas ri. Mas ela não fará isso de novo, quero dizer, obviamente (risada geral). Aquela foi a primeira e última vez que ela me passou a perna.

---

e permite ao pesquisador explorar quaisquer diferenças nas respostas dos participantes aos achados preliminares. Em vez de colocar o pesquisador no papel de *expert*, essa abordagem também é recomendável, porque permite ao pesquisador reconhecer quaisquer padrões enigmáticos que emergiram e dá a ele uma chance de fazer novos questionamentos.

☑ PONTOS-CHAVE

Mais uma vez, não existem regras prontas quanto às questões práticas envolvidas no planejamento e na execução de grupos focais. A chave, contudo, é considerar com muita atenção as implicações de suas decisões, tanto em termos de questões éticas quanto no impacto nos participantes e, fundamentalmente, sua capacidade de gerar os dados requeridos e fornecer possibilidades comparativas para a análise. A orientação fornecida aqui pode ser resumida como se segue:

- Equipamentos de boa qualidade são importantes, mas não vá longe demais com as especificações.

- Garanta que você está confiante no uso de seu equipamento e reserve bastante tempo para organizar a sala que você vai usar.
- Tome nota da sequência da conversa e do conteúdo da discussão e registre suas reflexões imediatas em seu diário de campo.
- Providencie um moderador assistente, se possível.
- Preencha as lacunas na transcrição anotando comunicações não verbais enquanto estiver escutando a gravação original.
- Faça um piloto dos guias de tópicos e dos materiais de estímulo.
- Pratique o uso de intervenções e aprenda a tolerar silêncios.
- Pense se você pode coletar informações dos participantes de uma forma superficial ou por meio de um questionário curto.
- Lembre-se de que os grupos focais podem gerar materiais de estímulo para uso em sessões posteriores e que as sessões de exposição também podem ser usadas para gerar mais dados.

LEITURAS COMPLEMENTARES

Tais questões práticas são discutidas mais detalhadamente nos seguintes trabalhos:

Flick, U. (2007a) *Designing Qualitative Research* (Book 1 of *The SAGE Qualitative Reeerch Kit*). London: Sage. Publicado pela Artmed Editora sob o título *Desenho da pesquisa qualitativa*.

Hussey, S., Hoddinott, P., Dowell, J., Wilson, P. and Barbour, R.S. (2004) 'The sickness certification system in the UK: a qualitative study of the views of general practitioners in Scotland', *British Medical Journal*, 328: 88-92.

Murphy, B., Cockburn, J. and Murphy, M. (1992) 'Focus groups in health research', *Health Promotion Journal of Australia*, 2: 37-40.

Puchta, C. and Potter, J. (2004) *Focus Group Practice*. London: Sage.

Rapley, T. (2007) *Doing Conversation, Discourse and Document Analysis* (Book 7 of *The SAGE Qualitative Research Kit*). London: Sage.

Thompson, T., Barbour, R.S. and Schwartz, L. (2003a) 'Advance directives in critical care decision making: a vignette study', *British Medical Journal*, 327: 1011-15.

7
ÉTICA E COMPROMETIMENTO

Objetivos do capítulo
Após a leitura deste capítulo, você deverá:
- estar ciente das questões éticas especiais envolvidas com o uso de grupos focais;
- compreender em particular o impacto que os grupos focais podem ter para os participantes.

Este capítulo revisita e expande as questões éticas que surgem durante todo o processo de condução de uma pesquisa usando grupos focais. Ele examina as razões pelas quais as pessoas concordem em participar de nossa pesquisa e as responsabilidades da equipe de pesquisa em termos de reciprocidade. A participação em discussões de grupo focal podem tanto ter um impacto positivo quando negativo, e algumas sugestões são fornecidas para minimizar as potenciais consequências negativas. A dificuldade, contudo, de se predizer o que pode ocasionar perturbações é reconhecida, uma vez que as respostas às discussões são inevitavelmente dependentes do contexto específico e das circunstâncias dos indivíduos participantes. A importância de se proporcionar um tempo para esclarecimentos finais é enfatizada, assim como a necessidade de se ter informações relevantes ou números para contato à mão, para que os pesquisadores não simplesmente "agarrem os dados e saiam correndo". Os esclarecimentos finais também podem ser valiosos para o pesquisador, particularmente se o tópico é emotivo. Os financiadores e supervisores também têm obrigações éticas a respeito da garantia do bem-estar físico e psicológico da equipe de pesquisa e dos estudantes. A seção final deste capítulo examina as questões levantadas na condução de grupos focais com grupos vulneráveis, como crianças, idosos, deficientes e aqueles com problemas de saúde mental, bem como os desafios de estudos transculturais com grupos focais.

☑ O IMPACTO DA PARTICIPAÇÃO NO GRUPO FOCAL

Pouco se sabe sobre as razões pelas quais as pessoas concordam em participar de uma discussão de grupo focal, mas vários pesquisadores perceberam que as discussões em tais grupos focais podem ser catárticas. Jones e Neil-Urban (2003), por exemplo, relatam o impacto de uma sessão de grupo focal nos pais de crianças com câncer, que excedeu em muito os benefícios antecipados. Tomar parte em grupos focais também pode ser benéfico para participantes que não têm tais expectativas de início. Burman e colaboradores (2001, p. 449), que realizaram um estudo das visões e experiências de meninas adolescentes sobre violência, comentaram que: "muitas meninas sustentaram que fazer parte da pesquisa permitiu a elas refletir sobre suas experiências e obter um maior entendimento sobre o papel e o impacto da violência em suas vidas".

Particularmente, quando estamos envolvidos em convocar grupos focais para discutir tópicos delicados – mas não só nesses casos – a discussão pode atingir áreas que são mais difíceis para alguns participantes do que para outros. Todavia, vale a pena ter em mente que os participantes dos grupos focais podem ser bastante habilidosos em termos de prover suporte uns para os outros e podem, às vezes, fornecer um apoio que seria difícil de proporcionar no decurso de uma entrevista individual. Isso é o que está ocorrendo nos seguintes trechos de um grupo focal de gênero misto sobre a presença dos pais em partos, em que dois dos homens presentes questionaram a sabedoria convencional de que o nascimento é uma experiência emocional esmagadora para novos pais (ver Quadro 7.1).

QUADRO 7.1 UM GRUPO FOCAL COMO UM FÓRUM PARA PROPORCIONAR SUPORTE

Moderador – Clínico geral (CG) Homem/médico de família com 2 filhos
Isaac – CG com 1 filho
Jack – CG com 2 filhos
Pam – CG com 1 filho
Jane – Enfermeira com 2 filhos crescidos

Isaac: E nós vimos tantos nascimentos e nós sabemos – bem, talvez isso diminua a significância do parto[...] o que deve ser uma experiência incrível para outras pessoas. Bem, mas de tantas formas foi apenas outro parto para mim. Ainda que, você sabe, de jeito nenhum eu perderia aquilo. Eu queria estar lá. Eu acho que teria sido melhor se eu não tivesse sido um médico na minha primeira experiência com partos.

Mod: Você consegue se lembrar de como você se sentiu na época?

Jack: Enquanto o bebê estava efetivamente nascendo? Quando o bebê estava realmente nascendo ou durante o trabalho de parto? É, pareceu apenas mais um parto. Não foi particularmente – você sabe, eu não posso dizer, "Minha nossa, sim, foi então que[...]" e os dois foram bastante indistintos, mesmo tendo sido em hospitais diferentes. Er, e, você sabe, não é realmente uma grande coisa[...] E bem[...] bem... você sabe, para mim foi apenas (risada) mais um dia.

(risada)

Jack: E, sabe, outras coisas que as crianças fizeram desde então têm sido muito mais especiais de formas diferentes do que simplesmente brotarem.

(Excerto Um – Oficina grupo focal gêneros mistos)

Mod: Isaac, você disse que você não teria perdido o parto por nada no mundo. O que você acha que teria perdido se não estivesse lá?

Isaac: A primeira visão do meu filho nascendo e ver "é um menino? É uma menina?"

Mod: Hum...

Isaac: Na verdade, para ter, de tantas formas, eu tenho que ver para saber que aconteceu. Para saber que era o meu bebê, quase. Bem, e eu suponho que eu queria proteger (minha mulher) do que ela talvez tivesse que passar, porque eu já vi muitas coisas darem errado.

Mod: Hum...

Isaac: E eu realmente testemunhei um anestesista um tanto metido e fiquei quieto e não disse que eu era um médico ... É, eu não teria perdido aquilo, mas, Erm, foi um verdadeiro desgaste pelas minhas experiências prévias.

Mod: Sim... sim.

Isaac: Mas isso é – novamente, como eu digo, é muito pessoal. Eu não queria que minhas experiências prévias com algumas das parteiras estragassem uma experiência muito feliz.

(Continua)

> (Continuação)
>
> Pam: Meu marido diz que ele tem esse[...] esse tipo de imagem grudado em sua memória, realmente, do parto. Você sabe, no momento em que o bebê está nascendo é algo que simplesmente sempre estará ali. Eu acho[...] eu apenas não sei se isso é a mesma coisa que[...] que o que você diz. O tipo de - essa imagem do seu filho, que está realmente vindo ao mundo - algo que você nunca esquecerá. Aquele foi esse momento.
> Isaac: Sim. Tendo dito que eu posso me identificar com o que Jack disse sobre ser um tanto indistinto e[...] (risada). Não é que tenha sido diferente de qualquer outro parto.
> Jack: Isso faz com que eu me sinta melhor. Eu devo dizer, nunca tendo feito um trabalho obstetrício, também, então você não sabe, você não viu muitos... talvez alguns... Alguns, mas é isso.
> (Excerto Dois - Oficina grupo focal gêneros mistos).

Além de proporcionarem suporte uns para os outros em suas confissões de terem tido experiências que não foram exatamente a euforia do envolvimento dos pais muitas vezes representada, Jack e Isaac também estão comparando suas experiências e refletindo sobre o impacto de seus níveis anteriores de envolvimento profissional: ou seja, eles estão, na prática, compartilhando a tarefa do moderador de começar a analisar os dados, mesmo enquanto estão sendo gerados. As discussões de grupo focal podem também provocar comentários da parte de alguns participantes que podem incomodar outros (p. ex., comentários racistas ou sexistas) (Kevern e Webb, 2001, p. 331). Contudo, uma característica comum das discussões de grupo focal é o grau em que os participantes ativamente oferecem suporte uns aos outros, encorajando-os a falar (Duggleby, 2005) e endossando suas experiências, e geralmente suas visões específicas.

O impacto potencialmente danoso também pode ser atenuado ao se fazer considerações cuidadosas durante a convocação dos grupos e buscar separar aqueles cujos comentários provavelmente serão ofensivos a outros. Por exemplo, em um estudo das experiências de profissionais sobre testamentos em vida, optamos por realizar entrevistas individuais com as pessoas que se sabia que apresentavam posicionamentos particularmente fortes e cujas presenças poderiam ter inibido - até mesmo ofendido - outros com visões menos elaboradas. Entretanto, nem sempre é possível antecipar todas essas ocorrências, devido à natureza fluida das discussões de grupo focal e ao fato de que o pesquisador nunca dispõe antecipadamente de todas as informações sobre os participantes que podem ser relevantes ou podem influenciar comentários (Krueger, 1994). Smith (1995) ressalta a importância de se considerar não apenas como os participantes se sentem durante a discussão, mas como se sentem ao final dela. Aqui, também, pode haver surpresas, já que o que pode incomodar os participantes tem boas chances de ser uma questão altamente pessoal.

ESCLARECIMENTOS FINAIS

Fazer esclarecimentos finais com os participantes ao fim de uma sessão de grupo focal é responsabilidade do moderador e nunca deve ser apressada. É importante permitir tempo suficiente para os participantes manifestarem quaisquer preocupações e garantirem que eles têm um número para contato com o pesquisador, caso queiram indagar alguma coisa. Nesse estágio, é recomendável dar aos participantes a oportunidade (na hora ou mais tarde) de requisitarem que quaisquer comentários seus sejam apagados da transcrição. Curiosamente, nunca tive uma experiência de alguém pedindo para isso ser feito; talvez saber que essa é uma opção já proporciona segurança para a maior parte das pessoas.

Os moderadores também devem estar preparados com folhetos informativos relevantes ou números de centros de informações para contato. Por exemplo, em nosso estudo sobre tomada de decisão em relação à medicação no contexto de custos de prescrição, fornecemos informações sobre "certificados pré-pagamento" (o que permitia às pessoas economizarem dinheiro para os custos de prescrição). Da mesma forma, Seymour e colaboradores (2002) proporcionaram aos idosos a quem perguntaram sobre cuidados ao fim da vida endereços de organizações de apoio ao luto e agendaram um encontro de seguimento com cada associação que havia estado envolvida no recrutamento de participantes para o estudo.

A questão do impacto no pesquisador de se fazer pesquisa também é importante – ainda que seja frequentemente menosprezada. Realizar uma pesquisa qualitativa, mesmo quando a delicadeza do tópico não está imediatamente aparente, pode expor o pesquisador a situações desagradáveis ou perturbadoras, e é importante que ele tenha acesso a um "supervisor de pesquisa ou colega experiente e apoiador para poder discutir seus pensamentos e sentimentos após a exposição ao trabalho de campo" (Owen, 2001, p. 657). Comentando sobre suas experiências de eliciar dados com crianças sobre o assunto da violência, Burman e colaboradores (2001) destacam o efeito cumulativo da leitura de múltiplas transcrições durante o processo de análise, o que pode pegar os pesquisadores desprevenidos. Necessidades de suporte, portanto, não estão limitadas à fase de geração de dados.

A segurança física também deve ser considerada ao se projetar uma pesquisa. Pesquisadores contratados tendem a ser jovens e mulheres, e, como tal, podem ser particularmente sujeitos a serem colocados em situações potencialmente perigosas (Green et al., 1993). Uma vez que o trabalho com grupos focais frequentemente inclui pessoas "pouco acessíveis" ou marginalizadas, ele pode exigir que os pesquisadores desloquem-se por áreas caracterizadas por altos índices de criminalidade e violência.

CONSIDERAÇÕES ESPECIAIS E DESAFIOS

GRUPOS VULNERÁVEIS

Grupos focais com frequência têm sido usados para acessar populações de difícil contato, como jovens urbanos em Boston (Rosenfeld et al., 1996), americanos de ascendência mexicana que são membros de gangues (Valdez e Kaplan, 1999), grupos de minorias étnicas (Hennings et al., 1996; Farooqui et al., 2000) ou pessoas que estão fora de contato com os serviços (Crossrow et al., 2001). Para outros grupos, como os idosos ou as crianças, os grupos focais geralmente são favorecidos em relação a entrevistas individuais, que tendem a ser consideradas inapropriadas demais ou muito invasivas ou ameaçadoras. Isso levanta a questão sobre se considerações especiais deveriam ser dadas ao se usar grupos focais nessas situações ou mesmo se técnicas específicas deveriam ser desenvolvidas para esses casos.

Grupos focais são geralmente considerados mais apropriados que entrevistas individuais para crianças pequenas (Mauthner, 1997, p. 23). O gênero provavelmente desempenha um papel importante na determinação das vozes dominantes nos grupos focais com crianças, de modo que, a maior parte dos pesquisadores defende a realização de grupos de um único sexo para evitar a tendência de os meninos "falarem mais, mais alto e determinarem o assunto das conversas [e] se imporem às meninas" (Mauthner, 1997, p. 23) em grupos de gênero misto. Da mesma forma, grupos focais com irmãos também representam um desafio em termos das crianças mais velhas tendendo a dominar a discussão (Mauthner, 1997).

A maior parte dos pesquisadores que trabalham com crianças se baseia em uma combinação de atividades envolvendo desenho, escrita, leitura e classificação (Mauthner, 1997). Tanto Mauthner (1997) quanto Morgan e colaboradores (2002) recomendam o uso de exercícios com papel e caneta, e Morgan e colaboradores relatam que, em uma ocasião, uma criança que havia previamente estado muito quieta contribuiu mais para a discussão após engajar-se nessa atividade. Morgan e colaboradores (2002) também foram entusiastas sobre o potencial para a geração de dados com interpretação de personagens e acharam útil permitir às crianças que manuseiem brinquedos durante a discussão. Eles relatam terem usado um brinquedo macio como marionete para permitir que eles perguntassem sobre questões relacionadas a conhecimentos de forma não ameaçadora. Também é importante localizar a discussão dentro de um contexto que faça sentido para as crianças (Mauthner, 1997, p. 24).

Contudo, apoios nem sempre são necessários, e uma abordagem criativa que aproveite a propensão natural das crianças para brincadeiras criativas pode ser recompensadora: veja, por exemplo, o artigo de Sparks e colaboradores (2002), que estavam interessados em estudar os "modos pelos quais os dilemas morais e práticos sobre punição são debatidos e deliberados em discussões entre crianças de nove anos de idade" (Sparks et al., 2002, p. 116). Eles empregaram uma situação de faz-de-conta inspirada em Hobbes para encorajar as crianças a considerarem um mundo em que os adultos houvessem desaparecido. Gerar dados a partir de crianças levanta importantes questões para os pesquisadores, inclusive considerações éticas. Também é útil um grau de reciprocidade, em que o pesquisador esteja disposto a compartilhar alguma informação sobre ele mesmo, talvez em reposta a questões diretas postas pelas crianças, que podem perfeitamente abordar assuntos que respondentes adultos estariam hesitantes em levantar.

Realizar pesquisas com crianças destaca a questão da relação de poder desigual envolvida entre adultos e jovens. Por mais genuínas que sejam as intenções do pesquisador, sempre parece que há alguma característica definidora da relação de pesquisa que concentra o poder nas mãos do pesquisador, e não na dos participantes.

Seymour e colaboradores (2002) usaram grupos focais para explorar as atitudes de idosos quanto a cuidados de fim de vida, portanto, combinando um tópico delicado com um grupo que se considera que traga demandas especiais para o pesquisador. Em comum com Barrett e Kirk (2000), que fazem recomendações a respeito do uso de grupos focais com os idosos com necessidades especiais, Seymour e colaboradores (2002) recomendam o uso de grupos pequenos. O uso de um formato similar ao televisivo que era familiar aos participantes facilitou a discussão e permitiu aos pesquisadores avançarem a discussão quando ela se tornava pessoal demais. Barrett e Kirk (2000) apontam aspectos do trabalho com idosos com necessidades especiais, como sua habilidade em declínio de dividir a atenção entre mais de um falante, dificuldades na troca de tópicos e a tendência a responder às questões um tempo depois de elas terem sido postas, os quais ocasionaram desafios importantes. Essas características requerem que o moderador tome um cuidado especial para desencorajar interrupções e anunciar mudanças no tópico, e os autores sugerem que, durante o processo de análise, o pesquisador deve permanecer alerta para a possibilidade de respostas que estão "fora de sincronia" e garantir que quaisquer *non-sequitur* sejam interpretados em seu contexto apropriado. Questões similares foram levantadas por pesquisas que envolveram conduzir grupos focais com mulheres com sérios e duradouros problemas de saúde mental (Owen, 2001).

Owen (2001) relata que havia escolhido grupos focais por seus potenciais de serem respeitosos e não condescendentes (como sugerido por Morgan e Krueger, 1993). No evento, ela descobriu que as mulheres participantes não se engajaram em interações umas com as outras em qualquer grau significativo, em geral respondendo diretamente ao moderador, o que sugere que o tempo e o esforço extra envolvidos no estabelecimento de sessões de grupo focal podem não resultar em vantagens significativas. Em nosso próprio estudo sobre saúde mental e proteção de crianças, optamos por utilizar entrevistas individuais com as mães com problemas de saúde mental severos, já que isso também ofereceu a oportunidade de acompanhar seus progressos no sistema seis meses mais tarde. Fomos cuidadosos, entretanto, em empregar uma entrevistadora com experiência como enfermeira psiquiátrica. Em contraste com muitos pesquisadores com experiência clínica que presumem que suas habilidades estão dadas, Owen não desconsidera uma especialidade tão valiosa, que é eminentemente transferível à tarefa de gerar dados do grupo focal. Ainda que Owen (2001) reconheça que, às vezes, a distinção entre a pesquisa com grupo focal e uma sessão de terapia se tornaram um tanto indistinta, ela foi capaz de lidar com esse dilema ao contar com o apoio de membros da equipe que haviam estado presentes nas sessões de grupo focal e que trabalharam com os indivíduos a respeito das questões levantadas durante as semanas que se seguiram às discussões do grupo focal.

PESQUISAS TRANSCULTURAIS

Yelland e Gifford (1995) defendem que os grupos focais podem ser inapropriados para pesquisas transculturais, uma vez que foram desenvolvidos especificamente para populações anglo-célticas. Contudo, eles constataram que, com a devida atenção ao contexto, grupos focais de fato proporcionavam um fórum no qual eles eram capazes de discutir aprofundadamente as crenças sobre morte súbita infantil com mulheres provenientes de uma grande variedade de contextos culturais que estavam vivendo na Austrália. Para tal pesquisa ter sucesso, é crucial que os pesquisadores tenham um conhecimento detalhado do meio cultural em que desejam trabalhar. Strickland (1999) relata o importante papel desempenhado por equipes de planejamento tribal cuja ajuda foi empregada para um estudo sobre as conceitualizações de dor entre os *salish costeiros* (índios-americanos do interior do continente no estado de Washington). Entre as muitas orientações úteis fornecidas estava uma alertando a equipe de pesquisa para o costume segundo o qual os anciãos da tribo – especialmente os homens – não falavam até que outros houvessem falado. Isso teve importantes consequências em termos de propiciar tempo no fim das sessões de grupo focal para garantir que as visões desses indivíduos recebessem expressão e atenção adequadas. Uma maior imersão nessa cultura revelou que o círculo de conversas se baseava em falas por turno, resultando em uma forma distinta de conversa entre os índios-americanos em comparação com outros grupos culturais em que a comunicação geralmente é mais interativa e espontânea.

Grupos focais com participantes que não falam inglês, todavia, representam desafios particulares. Há perigos ao se restringir a pesquisa a membros desses grupos que falam inglês. Como Esposito (2001) aponta, esses indivíduos foram, por definição, aculturados e, portanto, não podem proporcionar um "verdadeiro reflexo" das visões de seus pares que não falam inglês.

Existem vantagens óbvias ao se usar grupos focais na língua nativa dos participantes. Mesmo quando eles também são fluentes em inglês, usar suas línguas maternas pode encorajá-los a serem mais espontâneos e abertos à discussão. Lam e colaboradores (2001) observaram que eles geraram dados muito mais ricos ao permitirem que estudantes de medicina realizassem discussões sobre seu curso de treinamento em cantonês coloquial. Umaña-Taylor e Bámaca (2004) recomendam, se possível, recrutar moderadores bilíngues, uma vez que mesmo quando os grupos focais são conduzidos em inglês e os participantes são falantes fluentes de inglês, eles descobriram que as mulheres latinas que eles estudaram ainda assim com frequência usavam termos em espanhol, em particular para se referirem a conceitos e pessoas investidas de significância emocional.

Muitos exercícios de tradução envolvem desenvolver um instrumento de pesquisa culturalmente equivalente para testagem transcultural em estudos quantitativos. Nem todos os conceitos podem ser reproduzidos em outra língua nem são necessariamente universais. Portanto, nem tudo é, de fato, traduzível (Esposito, 2001, p. 572). Isso se aplica igualmente para a tradução de guias de tópicos (roteiros) de grupos focais. Tang e colaboradores (2000) constataram, por exemplo, que mulheres chinesas não possuíam uma palavra para violência e tiveram que achar outras formas de direcionar a conversação para esse tópico nos grupos focais. Além disso, dada a flexibilidade com que os moderadores aplicam esses guias de tópicos pouco estruturados, seguindo novos temas à medida que emergem e buscando colher os *insights* dos participantes, existe um potencial considerável para os significados mudarem. Chiu e Knight (1999) encontraram desafios desse tipo em seu trabalho sobre as visões e experiências de mulheres de minorias étnicas sobre exames cervicais e de mamas, em que eles contaram com intérpretes para executar os grupos em línguas que não o inglês. O fato de que Chiu é bilíngue proporcionou *insights* que poderiam de outra forma terem sido ignorados e salientou a extensão na qual os intérpretes estavam mudando o significado das questões e, portanto, afetando o conteúdo dos dados gerados. Eles concluíram que é essencial proporcionar algum treinamento em moderação de grupos focais aos intérpretes; não é suficiente esperar que eles simplesmente traduzam de forma simultânea e torcer para que os objetivos da pesquisa sejam, de alguma forma, magicamente, preservados.

A tradução – seja de guias de tópicos (roteiros) ou de discussões de grupo focal gravadas – é um processo altamente complexo, que, além dos óbvios requisitos, de fluência em outra língua, exige que sejam considerados os aspectos contextuais (Esposito, 2001). Isso é particularmente importante quando não há palavras equivalentes no inglês para conceitos usados durante as discussões de grupo focal. Em relação a algumas línguas, como o cantonês (Twinn, 1998), uma tradução literal resultaria em um inglês fora da gramática, já que as estruturas de linguagem são muito diferentes. Levando essas dificuldades em consideração, Esposito (2001, p. 572) recomenda encorajar os tradutores a usar uma "interpretação baseada no significado, em vez de palavra por palavra". Isso tem implicações claras para a extensão na qual as abordagens fenomenológicas podem ser aplicadas para a análise dos dados, uma vez que nuanças têm tantas chances de serem o resultado do processo de tradução quanto um reflexo das construções e significados originais dos participantes. No processo iterativo, que caracteriza a pesquisa qualitativa, a geração de dados e o começo da análise ocorrem simultaneamente. Os guias de tópicos (roteiros) são "fluidos, adaptáveis e mudam de curso quando apropriado" (Esposito, 2001, p. 573). Esposito segue delineando as duas principais opções de geração de dados em línguas nas quais os pesquisadores não são fluentes, a primeira envolvendo o pesquisador monolíngue confiando em facilitadores bilíngues treinados para realizar os grupos focais, e a outra opção sendo acrescentar um intérprete profissional em tempo real ao processo, o que permite ao pesquisador participar do processo de coleta de dados enquanto este ocorre. Isso facilita a análise simultânea, o redirecionamento das questões e a validação por meio dos comentários dos participantes.

Umaña-Taylor e Bámaca (2004) descrevem em detalhes a abordagem que usaram para garantir que os tradutores de seus grupos focais em espanhol permanecessem tão fiéis quanto possível ao conteúdo e ao significado originais. Eles se esforçaram para recrutar alguns pesquisadores que fossem bilíngues em inglês e nos vários dialetos falados pelas mulheres latinas em seu estudo. Cada grupo focal era transcrito e então traduzido por um pesquisador. Depois, um segundo pesquisador ouvia a fita e verificava a tradução. Sempre que possível, eles se certificavam de que o pesquisador familiarizado com o dialeto em questão estava envolvido em algum ponto nesse processo.

✓ PONTOS-CHAVE

As questões éticas não são apenas algo que precisa ser levado em consideração no preenchimento dos formulários de aplicação para os comitês de ética. A consideração das questões éticas deveria ser uma característica de cada estágio de uma pesquisa com grupos focais e deveríamos não só procurar minimizar potenciais danos para aqueles recrutados em nossos estudos, mas também deveríamos criar medidas protetoras em nossas relações de supervisão. Enquanto realizar pesquisas com grupos focais com grupos vulneráveis, como crianças, idosos, deficientes ou pessoas com problemas de saúde mental levantam desafios particulares, podemos nos beneficiar ao prestarmos mais atenção a essas mesmas questões em nossas aplicações mais mundanas de grupos focais. Pesquisas transculturais, por exemplo, salientam a extensão na qual a análise – e a influência do moderador no potencial analítico das bases de dados – começa mesmo antes de as transcrições serem produzidas.

- Você deve considerar cuidadosamente as razões que os participantes podem ter para participar de seu estudo e buscar ser tão aberto com eles quanto possível a respeito das implicações para eles enquanto indivíduos, bem como os prováveis resultados do projeto de pesquisa.
- Tente antecipar potenciais dificuldades e seja o mais claro possível sobre os limites dos papéis, especialmente se você for um profissional de saúde ou um terapeuta.
- Antecipe cenários problemáticos nos grupos focais e esteja preparado. Tente minimizar o potencial para que eles ocorram ao considerar a amostragem e esteja preparado para lidar com qualquer situação que surja por meio de uma moderação sensível.
- Os esclarecimentos finais são importantes, e você deve proporcionar tempo para que isso não seja uma atividade apressada. Forneça aos participantes detalhes para contato e providencie garantias a respeito de apagar das transcrições quaisquer comentários em relação aos quais eles estejam insatisfeitos. Também traga quaisquer panfletos informativos relevantes (com telefones de linhas de ajuda, etc.) para distribuir ao fim da discussão.
- Pense sobre o impacto no pesquisador da exposição a situações potencialmente difíceis e a debates intensos e certifique-se de lidar tanto com as questões de suporte quanto com as de segurança.
- Você deve pensar bem sobre as questões especiais resultantes de se conduzir grupos focais com populações vulneráveis, como crianças, idosos e pessoas com problemas de saúde mental ou dificuldades de aprendizado. Grupos focais com populações de minorias étnicas re-

querem uma compreensão sofisticada das diferenças intra e entre grupos, uma noção de que a linguagem, a cultura e a religião não são sinônimos, e uma apreciação da interpretação e da tradução como um processo que está longe de ser objetivo.

☑ LEITURAS COMPLEMENTARES

As questões éticas a respeito do uso de grupos focais são discutidas de forma mais detalhada por estes autores:

Mauthner, M. (1997) 'Methodological aspects of collecting data from children: lessons from three research projects', *Children and Society*, 11: 16-28.

Owen, S. (2001) 'The practical, methodological and ethical dilemmas of conducting focus groups with vulnerable clients', *Journal of Advanced Nursing*, 36(5): 652-58.

Seymour, J., Bellamy, G., Gott, M., Ahmedzai, S.H. and Clark, D. (2002) 'Using focus groups to explore older people's attitudes to end of life care', *Ageing and Society*, 22(4): 517-26.

Umaña-Taylor, A.J. and Bámaca, M.Y. (2004) 'Conducting focus groups with Latino populations: lessons from the field', *Family Relations*, 53(3): 261-72.

8

PRODUÇÃO DE DADOS

> **Objetivos do capítulo**
>
> Após a leitura deste capítulo, você deverá:
> - ter uma ideia do que considerar para dar início a um grupo focal, continuá-lo e fazê-lo funcionar;
> - conhecer as questões práticas envolvidas em direcionar esse grupo;
> - saber como manter um foco na comparação.

Este capítulo proporciona um *insight* na habilidade de gerar dados qualitativos, por meio de uma moderação de grupos focais refletida e sensível teoricamente. Ele proporciona uma amostra do tipo de interação eliciada durante as discussões de grupo focal, incluindo como as pessoas podem reformular suas visões, engajar-se em um debate animado e expressar entendimentos culturais compartilhados. Torna explícito algumas das habilidades envolvidas e enfatiza a importância de se antecipar a análise, mesmo enquanto os dados estão sendo gerados, a partir da exploração de diferenças entre as perspectivas dos participantes, requisitando esclarecimentos a eles e colhendo seus *insights*.

☑ INVESTIGAÇÃO DE COMO AS PESSOAS FORMAM SUAS VISÕES

Grupos focais, como argumentou David Morgan (1988), são excelentes para descobrir por que as pessoas pensam como pensam, e é certamente possível destrinchar o processo de formação de percepções durante as interações do grupo focal.

O exemplo a seguir é retirado de uma transcrição de um grupo focal gerada a partir de uma oficina de grupo focal que explorou, como "tópico virtual", as percepções das pessoas sobre a presença dos pais no parto dos filhos. Esse tópico foi escolhido, porque, de forma consistente, resulta em discussões intensas e é particularmente útil para fazer os profissionais de saúde removerem suas "armaduras profissionais". Como tal, é valioso ao proporcionar aos participantes *insights* da natureza bastante pessoal das discussões de grupo focal e oferece a eles uma oportunidade de "problematizar" um aspecto de suas vidas ao qual eles podem não ter anteriormente dedicado muita atenção crítica. Aqui, uma das participantes, Carolyn, ri enquanto reconta como ela, na verdade, deu a seu parceiro poucas opções a respeito de estar presente na hora do parto. Essa reflexão leva outra participante do grupo, Gail, a reconsiderar seu próprio comportamento (ver Quadro 8.1).

Curiosamente, Martin, um pesquisador sem filhos, não tem uma parceira que está grávida, como poderia sugerir seu último comentário. O que isso mostra é o caráter imediato das discussões de grupo focal e seu potencial para encorajar os participantes a se engajarem em projeções, de modo similar ao que ocorre durante a interpretação de personagens, mas de uma forma muito menos elaborada e artificial. Observe, também, a ênfase que Carolyn põe na palavra "estaria" e sua risada após essa afirmação, o que foi captado pelo moderador, que pergunta: "Não foi uma opção?". Isso ressalta a importância de se prestar muita atenção ao tom e à ênfase na fala original e demonstra quanto pode ser perdido ao nos basearmos apenas na transcrição escrita, como algumas vezes acontece quando o assim chamado "investigador principal" – ou aquele que administra o financiamento – tem a responsabilidade de analisar os dados gerados por outra pessoa. (Veja a discussão sobre anotações no Capítulo 6 e sobre aproveitar a informação que pode ser fornecida pelo moderador durante o processo de análise, discutido no Capítulo 10.)

QUADRO 8.1 REFORMULAÇÃO DE VISÕES

Martin: Mas, de certa forma, qual é o objetivo de frequentar as aulas se você não estará lá no dia? Por outro lado, qual o objetivo de frequentar as aulas e... fazer todo o "Fu, fu, fu", você sabe – a parte da respiração, ou o que seja – porque, quero dizer, eu não estou certo do quão útil aquilo será.

Mod: OK. Eu me pergunto se alguém teve uma experiência recente de... de um nascimento tanto com o pai presente como com sua ausência?

Carolyn: Sim, bem, eu tive um filho recentemente – dois nos últimos três anos.

Mod: É mesmo?

Carolyn: Então, e meu marido estava lá nos dois e isso não foi uma opção – ele estaria lá (risada).

Mod: Não foi uma opção?

Carolyn: Sim, sim. Eu nem mesmo perguntei a ele se ele queria estar lá ou não e eu não sei se isso foi apenas, de certa forma, eu decidindo como as coisas iriam ser...

Gail: Acho que eu coloquei uma enorme pressão no meu ex-marido para ele estar lá durante o nascimento, mas, tendo passado por isso uma vez, não sei se eu teria feito isso novamente na segunda vez – se eu insistiria para ele estar lá. Do jeito que foi, tudo aconteceu na base do pânico. Ele estava lá e não teve muita escolha, mas, tendo, como eu disse, passado por isso uma vez, realmente não acho que faz diferença quem está lá com você desde que haja alguém, guiando você e lhe assegurando... hã... E eu realmente lamento por qualquer um que sinta indiscutivelmente que eles... que eles não queiram estar... lá... um... um parceiro que não quer – sente que eles... eles não querem estar lá... um... um parceiro que não quer estar lá e a pressão está sobre eles – seja homem seja mulher.

Mod: Carolyn trouxe uma outra questão, que... hã... eu não sei se você tem... algum comentário a fazer sobre isso: que algumas mulheres não iriam realmente querer seus parceiros lá, mas você pode ter uma situação em que o parceiro é... a escolha da mulher é quase perdida porque o...

Gail: (interrompendo) Hum... eu tenho uma amiga que não queria seu parceiro lá... erm... porque ela sentia que era uma situação muito sem dignidade e ela não queria que ele a visse naquele estado... hã... eu não sei por quê... – ela nunca realmente elaborou a questão – mas... e ele queria estar lá, então tem os dois lados da história, eu suponho.

Martin: Parece a mim que cada situação é completamente diferente, porque cada casal é completamente diferente.

Gail: Sim.

Martin: Então, você sabe, por quê... por que a, de certa forma, pressão da sociedade está lá? Eu realmente não entendo. Eu realmente não entendo por que esperam que eu esteja presente durante o evento.

(Oficina grupo focal gêneros mistos)

ESTÍMULO AO DEBATE

Frey e Fontana (1993, p. 82) apontam que o que eles referem como sendo "a entrevista de grupo" proporciona "uma situação especialmente produtiva para revelar variações nas perspectivas e atitudes e um meio pronto, por sutilmente colocar um [respondente] contra o outro, para distinguir entre perspectivas compartilhadas e variantes". No estudo sobre as denúncias de incidentes racistas na área de Strathclyde, usamos materiais de uma campanha publicitária nacional, "Uma Escócia, Muitas Culturas", desenvolvida pelo governo escocês e projetada para aumentar a conscientização do racismo na Escócia. Essa série de filmes curtos foi transmitida regularmente durante o período em que realizamos a pesquisa e incluía uma série de vinhetas indo desde os encontros cotidianos até instâncias mais sérias de racismo. Entretanto, eu havia notado que vários desses curtos filmes eliciam várias respostas de meu próprio círculo de amigos, com algumas pessoas comentando que eles não consideravam que certos cenários constituíam racismo, enquanto outros mantinham que sim. Portanto, nós antecipamos que esse material seria produtivo no que diz respeito a localizar os aspectos diferenciais das perspectivas e encorajaria debate. De forma inevitável, alguns grupos são mais animados do que outros e, ocasionalmente, discussões dinâmicas, com participantes comparando e justificando suas perspectivas, tornando as questões relevantes para suas próprias vidas e situações, podem progredir para longas falas, que não requerem qualquer intervenção do moderador (ver Quadro 8.2).

Discussões dinâmicas nas transcrições de grupos focais são geralmente caracterizadas pela ausência da voz do moderador. Saber quando não intervir é, em si mesmo, uma habilidade – e uma habilidade adquirida a duras penas. Uma das coisas mais difíceis para o moderador iniciante talvez seja reclinar-se sobre a cadeira e se inibir de fazer perguntas ou comentários, dado que a discussão permaneça nos trilhos. Na prática, pode ser difícil decidir quando a discussão sai do rumo, já que os participantes podem estar desenvolvendo uma discussão que acaba sendo muito pertinente, ainda que isso possa não estar claro logo de início.

ACESSO A PARADIGMAS CULTURAIS

Os grupos focais permitem aos participantes debaterem questões dentro do contexto de seus próprios contextos culturais, como observado por Callaghan (2005). No decurso dos grupos focais, os participantes podem relatar histórias para confirmar suas experiências em comum e suas identidades coletivas (Muday, 2006), o que também pode ser o que tende a ocasionar consensos nas discussões de grupo focal. A capacidade dos grupos focais

QUADRO 8.2 DEBATE DINÂMICO

Paul: Até mesmo ouvi outras pessoas dizerem que irão aos "*pakis* brancos" – se é uma loja internacional dirigida por uma pessoa branca, é "pakis brancos".

Roddie: Eu não pensaria *chinky* como sendo... sempre que é usado, como em "eu estou indo ao *chinky*", eu não pensaria nisso como racismo, mas eu nunca diria "eu vou a uma loja paki".

Stuart: Mmm... olha, eu não sei...

Roddie: ...e, se eu dissesse, eu estaria dizendo e pensando: "Você não deveria estar dizendo isso". Enquanto, com "*chinky*" – ainda que eu não fosse me referir às próprias pessoas ao dizer isso.

Stuart: Eu acho que é usado como uma abreviação. Os *chinkies* são os chineses – no sentido da loja...

Dave: É – ao invés das pessoas – enquanto que, com *paki*, você está mais ...

Stuart: Sim, eu acho que é mais...

Roddie: Na maior parte do tempo é descritivo.

Dave: É, é verdade. É isso que o Paul estava dizendo.

Roddie: Apenas um termo para um tipo de loja internacional – mais do que, eu acho, ser um comentário racista.

Stuart: Significa alguém que vem do Paquistão.

Roddie: Se você se virasse e chamasse alguém de "*paki* bastardo", então isso é o que é racismo, mas, eu quero dizer, dificilmente alguém alguma vez diz isso quando eles realmente estão ali, quero dizer... é interessante, eu não sei... quero dizer, eu nunca pensaria em ir até uma pessoa e chamá-la de "*paki*".

Stuart: Eu fiz isso. Teve uma ocasião no final de semana. Estava falando (com alguns dos meus amigos) e eu disse, "eu estava indo para um *chinky* na noite em que eu cheguei em casa", e os outros (amigos) disseram "Ssshh!" e eu disse "O quê?" E havia algumas pessoas malaias atrás de mim, mas eu não vi nada ofensivo naquilo.

Roddie: Não, foi isso o que eu pensei. Eu não vejo mesmo nada ofensivo nisso. E então no trabalho, alguém diz alguma coisa como isso e a garota chinesa de lá foi para o banheiro chorando, e todo mundo no trabalho fez o inferno para essa garota – só porque eles não gostavam dela de qualquer jeito – ao dizer aquilo, mas eu nunca havia pensado no assunto.

Paul: Talvez sejamos nós que tenhamos o problema então, você sabe.

(Rápidas falas – impossível diferenciar entre os falantes)

?: É interessante o que se torna... tem a ver com o quanto... as pessoas de cor fizeram uso do termo "*nigger*" e não acham nada de mais, mas se as pessoas brancas o usam...

?: Pois é.

?: Não é a mesma coisa.

?: (Inaudível)

?: Muito, muito pior.

(Continua)

> (Continuação)
> ?: (Inaudível)
> ?: Não – bem eles diriam que, algo como, "Bem, você também tem cor"
> ?: ...Não é um problema.
> ?: Mas eu acho que é meio tudo bem para eles chamarem uns aos outros disso.
> ?: Sim, exatamente, de certa forma é como...
> ?: Pois é.
> ?: (Inaudível)
> Roddie: Você sabe, é como homossexuais chamando uns aos outros de bichas. (...) Você sabe, é a mesma coisa com a religião também – você pode chamar um ao outro do que você quiser se você está naquela religião, mas se você está fora daquela religião.
> ?: Eu não posso te chamar de papista.
> (Grupo focal de jovens homens brancos "nativos")

de acessarem paradigmas culturais compartilhados significa que diferentes grupos estabelecem suas próprias "regras de conduta", e o excerto a seguir mostra como mais tarde no mesmo grupo focal (do qual o excerto anterior foi retirado) o moderador foi capaz de usar em seu benefício os xingamentos casuais e as referências a culturas compartilhadas que eram uma característica da fala desses jovens rapazes para explorar mais a fundo suas ideias sobre racismo e incidentes racistas (ver Quadro 8.3).

Como o excerto acima implica, grupos focais também permitem aos participantes estabelecerem identidades coletivas ao diferenciarem-se de outras pessoas. Munday (2006, p. 102), em seu estudo com membros do Instituto das Mulheres, reconta como eles distinguiram entre "madames" e "membros", explicando que as primeiras, "enquanto sendo espertas e habilidosas e capazes de voltarem-se com sucesso para qualquer coisa, são vistas como sem o genuíno calor e espontaneidade das mulheres-membros".

Tais construções sociais complexas são desafiadoras para o analista de dados, que não pode sempre tomar o que está sendo dito como pronto. Como Matoesian e Coldren (2002, p. 484) lembram:

> ...oradores fazem muitas coisas quando falam, e focar em algo chamado tópico é apenas uma delas. (...) Eles podem elaborar suas falas como um desempenho ideológico estratégico, em vez de um relato factual. Quando os oradores de fato oferecem opiniões, não normalmente estabelecem o que querem dizer de forma explícita, mas muitas vezes o fazem de forma bastante poética e implícita.

QUADRO 8.3 APROVEITAMENTO DE REFERÊNCIAS CULTURAIS COMPARTILHADAS

Roddie: Quero dizer, eu já conheci vários *"weegies"* (termo usado para se referir aos *glaswedgians*) vivendo em Edimburgo, que têm vários problemas – chamando eles de "fugitivos do banho". Quero dizer, é meio engraçado, mas acontece novamente, novamente e novamente, e eles ficam muito irritados com isso – e é apenas uma bobagem, mas é um tanto fora da ordem e isso é apenas porque, como, porque eles são *glaswedgians*, e toda a Inglaterra pensa assim, você sabe...

(Mais discussão sobre ser irlandês ou inglês na Escócia e ser incomodado por isso.)

Alan: (Conta uma história sobre estar em um pub em Glasgow assistindo ao futebol, quando os escoceses presentes estavam torcendo para o time jogando contra a Inglaterra, e descreve seus sentimentos de intimidação como um dos poucos que estava torcendo para o time da Inglaterra.)

Roodie: Eu acho que você tem razão, apesar de que, quero dizer, eu suponho que seja racismo...

Mod: Bem, eu já ia perguntar isso a você – como você diferencia entre chamar uma pessoa de *"weegie"* e chamar uma pessoa de *"paki"*?

Roddie: Mmm... (Longa pausa)

Mod: Afinal, você raramente vê *"weegie* bastardo" escrito por toda a fachada de uma loja...

Roddie: Mmm... Se você pega alguém chamando um escocês de forma depreciativa... isso se torna bastante... quero dizer, é apenas o jeito e o contexto sendo usado...

Alan: Como se você chama alguém de *"jock"*, isso é bastante ofensivo, mas... depende. Você tem pessoas de Newcastle geralmente chamadas de *"Geordies"* e isso é apenas o termo para as pessoas daquela área, e os *glaswegians* – *"weegie"* é uma abreviatura para *glaswegian* – mas depende. É mais um apelido de uma área da qual você é, algumas vezes, quando não é para ser ofensivo de modo algum e quando, em outro momento, poderia ser usado como uma palavra ofensiva...

(Comentário inaudível seguido por risada geral)

Mod: Então você acha que esse é o jeito que é usado ou... ?

Alan: É o sentido com que é usado. Na maior parte do tempo você sabe dizer se é em um, de certa forma, jeito de conversa, ou se é um insulto.

Dave: Mas eu acho, sim, eu acho que você está sendo meio depreciativo a respeito de pessoas que você não conhece, sobre de onde elas vêm. É diferente quando é com seus amigos, mas quando você está sendo depreciativo sobre – com – alguém que você não conhece, como, você meio que implica – você está trazendo – que eu sou de qualquer lugar – um nome pra isso...

(Grupo focal de jovens homens brancos "nativos ")

BUSCA DE ESCLARECIMENTO

Contudo, como Matoesian e Coldren (2002, p. 487) apontam:

> ...a comunidade (envolvida na pesquisa) pode falar (com) uma voz diferente da dos profissionais acadêmicos que os avaliam, porque eles podem não usar um registro profissional ou acadêmico... suas palavras podem estimular mal-entendidos em interações de grupos focais.

Em outras palavras, pode haver vários padrões diferentes de racionalidade linguística em jogo em qualquer discussão de grupo focal. Em vez de presumir que você, como moderador, adequadamente compreendeu essas referências, sempre há o potencial para se buscar esclarecimentos, portanto, estimulando mais discussão. Uma das propagandas usadas na campanha "Uma Escócia, Muitas Culturas" mostrava um homem asiático dono de uma loja reagindo a ser chamado de *"paki"*. No excerto a seguir, o moderador, alerta às sutis nuances envolvidas na escolha do vocabulário, optou por perguntar explicitamente sobre esse uso, seguindo um comentário feito por um dos participantes do grupo focal que falou sobre ir à "loja étnica" (ver Quadro 8.4).

PRESERVAÇÃO DO FOCO/DIRECIONAMENTO DA DISCUSSÃO

Puchta e Potter (1999, p. 315) têm salientado a tensão existente para os moderadores de grupos focais entre as tarefas de "trabalhar" as pessoas para que falem e o encorajamento da espontaneidade. Eles referem isso como sendo a tensão entre "extrair tudo o que der" dos participantes e o ideal de que os membros do grupo deveriam "responder às questões tão espontaneamente quanto possível". Eles continuam: "Colocando de outra forma, é uma tensão entre a licença de dar respostas que são "nem certas nem erradas "e a de que os participantes realmente produzam respostas em vez de "eu não sei".

Por mais que queiramos enfatizar a natureza aberta dos grupos focais e sua maior capacidade – em comparação a outros métodos à disposição – de explorar questões de importância para os participantes em vez de rigidamente perseguir as determinações do pesquisador, geralmente somos pagos para uma questão de pesquisa específica. Ainda que sessões de *brainstorming* possam ser úteis durante a fase exploratória de um projeto de pesquisa, Morgan argumenta que os grupos nos quais o moderador não assume o papel de direcionar a discussão não são suficientemente focados para serem chamados de grupos focais (Morgan, 1998, p. 34).

Grupos focais ■ 143

> **QUADRO 8.4 BUSCA DE ESCLARECIMENTOS**
>
> Barbara: Bem, eu acho que se eles estão lá e estão abrindo em todas as horas quando as outras lojas estão fechadas, e eles estão trabalhando e estão oferecendo - oferta e demanda – e é comida. Talvez, quando uma criança está com fome, quando eles estão procurando por pão e leite, sempre iremos para a loja étnica.
>
> Mod: E você usou ali a palavra "loja étnica" – o que você... uma das coisas nessa propaganda é o uso da palavra "*paki*" e eu estava me perguntando o que você pensa sobre isso? Isso é algo que você considere racista? Ou, que tipo de palavras ou imagens você pensa que são racistas?
>
> Sarah: Tivemos isso na conversa... e, na verdade, eu não penso em um *glaswegian*... eu acho que não. Sempre haverá *pakis*. Eu quero dizer, eu tenho 72 anos e isso é como era chamado, então, quero dizer... dizer que é errado falar isso – eu não acho que seja errado.
>
> Alison: Bem, não é para ser errado – é apenas como você abrevia o nome das pessoas.
>
> Sarah: Bem, eles vêm do Paquistão, do su...
>
> Alison: Não é para ser depreciativo.
>
> Eileen: Bem, você não pode pronunciar o nome deles de qualquer forma se eles têm um nome incomum.
>
> Mod: Então você não acha que isso é necessariamente racista?
>
> Alison: Bem, não é para ser racista. Se eles tomam como racista teria que mudar, se eles tomam, mas não é para ser... bem, eu não acho...
>
> Barbara: É para ser uma forma de diferenciar.
>
> Joan: Você está se tornando bastante ciente dessas coisas, você sabe, ainda que nós não pretendamos – estamos tão acostumados a falar a palavra. Mas é, você sabe, ...eu não acho... "Eu vou ao *paki*". É apenas uma palavra.
>
> Alison: É um apelido carinhoso na verdade, não é?
>
> Eileen: Pois é, pois é. Eu não acho que alguma vez disse isso na frente dos *pakis*.
>
> Barbara: Porque eu mudei para "étnico" foi que a neta da minha irmã se virou e disse, "Eles não são *pakis*", há alguns algerianos, há alguns... Eles todos têm diferentes nacionalidades – você chama eles de "étnicos". Agora, ela tem seis anos de idade! "Porque eu tenho pessoas étnicas na minha classe na escola e é por isso que eu chamo eles de étnicos".
>
> (Grupo focal de mulheres brancas "nativas")

Naturalmente, a estrutura pode ser aparente apenas para o pesquisador, e um bom moderador de grupo focal pode ser capaz de fazer parecer que a discussão flui sem esforço com poucos obstáculos no caminho do direcionamento. Krueger (1994) volta nossa atenção para as questões que parecem espontâneas, mas são, na verdade, cuidadosamente preparadas.

Já vimos, no Capítulo 5, o valor de se fazer um piloto dos guias de tópico (roteiros) e ganhar prática com o uso de intervenções. Ao contrário de orientações de pessoas como Krueger, que recomendam que as questões sejam limitadas a uma única dimensão, Puchta e Potter (1999, p. 319) descobriram nos grupos focais de pesquisa de mercado que examinaram que reformulações de questões eram efetivas: "em nosso *corpus* as questões são rotineiramente feitas de uma "forma elaborada". Eles distinguem entre três diferentes usos de questões elaboradas:

1. Para guiar respostas de "desviar de problemas", em particular ao fazer questões que provavelmente não são familiares no contexto das interações cotidianas dos participantes.
2. Para fazer questões flexivelmente ao proporcionar um leque de itens alternativos, os quais os participantes podem escolher para responder.
3. Para guiar os participantes a produzirem respostas que são apropriadas (no caso deles, para os relatórios de pesquisa de mercado e para os representantes da companhia e equipe de publicidade que podem assistir às sessões atrás de um espelho de lado único.

Em relação a esse terceiro uso delineado por Puchta e Potter, os pesquisadores das ciências sociais podem, da mesma forma, tentar encorajar os participantes a juntarem-se a eles na teorização ao introduzir, por exemplo, termos sociológicos, ou ao devolver observações feitas em análises preliminares de grupos focais anteriores. Além disso, Puchta e Potter (1999, p. 332) argumentam que os moderadores algumas vezes realizam essas três tarefas ao mesmo tempo.

✓ SEGUINDO AS PISTAS

O próximo excerto ilustra a riqueza dos dados dos grupos focais e mostra os participantes, assim como o moderador, pensando ativamente. Ele enfatiza a capacidade dos grupos focais de proporcionar acesso aos significados e conceitualizações dos participantes, enquanto interrogam e debatem as questões levantadas. Assim como acontece frequentemente durante os grupos focais, a participante que usou o termo "loja étnica" seguiu proporcionando uma explicação para sua escolha de palavras, e isso permite uma janela para o mundo lá fora e para outras redes sociais e trocas que ajudam a moldar as visões e os comportamentos das pessoas. É importante, entretanto, reconhecer que essa explicação poderia não ter aparecido se a pesquisadora não tivesse estado atenta ao uso do vocabulário e pronta para explorar essa deixa. Ainda que eles estejam falando sobre entrevistas individuais, Poland e Pederson (1998, p. 296-297) enfatizam a importância de se estar atento ao que nossos respondentes estão dizendo: "quando treinamos entrevistadores, talvez muita ênfase seja dada aos questionamentos, enquanto a real habilidade pode ser a de ouvir".

No exemplo anterior, contudo, essa não é a única habilidade que a moderadora está demonstrando. Ela também está começando a teorizar, ainda que seja uma tentativa, sobre a possibilidade de que as pessoas pensem separadamente sobre as palavras usadas e o que constitui "racismo". Outra moderadora, dessa vez falando a um grupo de profissionais formado por mulheres brancas, também capta essa distinção e tenta explorá-la mais aprofundadamente no curso da discussão (ver Quadro 8.5). Essa moderadora leva as coisas um passo adiante ao tentar resumir o argumento do participante e ao buscar esclarecimentos. Curiosamente, ela é desarmada por um dos participantes que – com educação, mas firmeza – pede a ela para esclarecer sua "teorização sociológica" para que seja acessível aos membros do grupo.

QUADRO 8.5 SEGUINDO PISTAS

Debbie: Eu acho que é apenas que crescemos com essas palavras e elas são as palavras que usamos e que conhecemos. Se houvesse um dicionário com a terminologia adequada para se usar para uma loja que esteja aberta em todas as horas, bem talvez fosse outra questão, para trazer isso à sociedade. Você não diz "uma loja que está aberta em todas as horas" – você diz "a *paki*".

Mod: Que palavras são racistas, então?

Helen: Se você acrescentar a palavra apropriada ou o xingamento após, como em "verme *paki*" – então isso é racista.

Kate: Isso é verdade – bem observado.

Paula: Mas isso seria que nem "seu céltico [um dos dois principais times de futebol de Glasgow, renomado pela sua divisão sectária de torcedores, como os católicos e os protestantes] bastardo!"

Debbie: Então, depende de em qual contexto você está falando.

Mod: Vocês acham, portanto, que palavras ou imagens em si mesmas poderiam ser racistas ou que precisariam ser contextualizadas?

Paula: Desculpe, pode repetir?

Mod: Desculpe. No contexto em que são usadas. Vocês acham que algo como "*paki*" não é racista em si mesmo? Palavras não são racistas em si mesmas – elas precisam estar em um certo contexto?

Helen: Sim.

(Grupo focal de profissionais mulheres brancas "nativas")

☑ REFLEXÃO COMPARATIVA E ANTECIPAÇÃO DA ANÁLISE

Aproveitar o potencial comparativo dos grupos, contudo, requer mais do que convocar um conjunto de grupos que reflita diferentes características. O projeto de pesquisa é importante, mas o que fazemos das oportunidades que ele proporciona é o que determina em última análise a qualidade de nossa pesquisa com grupos focais. Também é importante pensar comparativamente – ou em termos de contextualizar perspectivas – durante a produção de dados do grupo focal.

É claro, nem tudo está perdido, mesmo se os moderadores de grupos focais não aproveitarem essas oportunidades ao produzir dados. Se você tiver sorte, as transcrições dos grupos focais proporcionarão material suficiente para fazer tal comparação possível – ainda que, sem dúvida, outros *insights* poderiam ter sido obtidos ao se perguntar *in situ* algumas questões bem pensadas. Dependendo do tópico em questão, entretanto, pode nem sempre ser apropriado colher as percepções dos participantes dessa maneira, e há algumas situações nas quais temos que assumir, como pesquisadores, toda a responsabilidade de teorizar comparativamente. Algumas das comparações podem ocorrer enquanto o pesquisador lê outros materiais sobre o tópico inquirido e estabelece paralelos instrutivos, algumas vezes de fontes inesperadas. Afinal de contas, é isso que está implicado no entendimento da pesquisa qualitativa como um processo iterativo.

Particularmente ao conduzir grupos focais, mas também durante entrevistas individuais (ver Kvale, 2007), o pesquisador começa a analisar os dados mesmo enquanto os está produzindo. É isso que faz a pesquisa com grupos focais simultaneamente tão demandante e excitante. Isso pode ser verdadeiro não apenas para o pesquisador, mas para outros participantes, que podem praticamente assumir o papel de comoderadores na discussão. Ainda que isso não seja muito comum no contexto das oficinas, esse tipo de interação não é apenas uma propriedade de um agrupamento em particular, mas reflete características de conversas mais gerais no estilo de "jantar" entre amigos e conhecidos. Todos nós vivenciamos uma infinitude de papéis e experiências durante interações sociais.

☑ PONTOS-CHAVE

Os grupos focais podem gerar discussões acaloradas e dados ricos enquanto os participantes formulam suas visões, engajam-se em debates e expressam e exploram entendimentos culturais compartilhados. Uma característica interessante é que os participantes frequentemente refletem suas habilidades consideráveis na interação em grupo, fazendo comentários de suporte, encorajando as contribuições uns dos outros e mesmo, às vezes, assumindo o papel de "comoderadores". Também é possível empregar as capacidades analíticas dos participantes do grupo focal, uma vez que os indivíduos forneçam comentários, talvez, de suas próprias perspectivas, mudando ou explicitando diferenças sutis em significado ou ênfase. Algumas armadilhas em potencial em termos da capacidade dos grupos focais de gerar interações antagonistas podem ser evitadas pela consideração cuidadosa da composição do grupo (tal como discutido no Capítulo 5) e do uso de materiais de estímulo que deem a eles a permissão de levantar tópicos difíceis, tirando o "calor" da discussão ao colocá-la a uma distância das reais experiências dos indivíduos. Existem, todavia, várias pistas para se moderar de forma cuidadosa e atenta para maximizar a qualidade dos dados gerados. Elas podem ser resumidas da seguinte forma:

- Não sinta que você tem que intervir o tempo todo. Dado que a discussão permaneça no caminho certo, pode haver pouca necessidade de interferência do moderador.
- Esteja preparado para o uso de intervenções ou faça questões adicionais.
- Preste bastante atenção ao vocabulário, ao tom e à comunicação não verbal usados pelos participantes. Você pode explorar isso como moderador.
- Você também pode reformular ou elaborar questões, de modo a fazer seus interesses de pesquisa mais claros, ou encorajar os participantes a "problematizar" conceitos.
- Use sínteses intermitentes para proporcionar esclarecimentos e explorar mais quaisquer distinções ou qualificações sendo feitas.
- Comece a teorizar experimentalmente e convite os participantes a se juntarem a você, mas tenha o cuidado de explicar ou reformular termos acadêmicos/teóricos. Lembre-se de que você pode pedir aos participantes que especulem junto com você – e você não precisa assumir o papel de "o especialista".

☑ LEITURAS COMPLEMENTARES

Aqui você encontrará mais exemplos e sugestões de como manter um grupo focal em pleno funcionamento:

Kvale, S. (2007) *Doing Interviews* (Book 2 of *The SAGE Qualitative Research Kit*). London: Sage.

Munday, J. (2006) 'Identity in focus: the use of focus groups to study the construction of collective identity', *Sociology*, 40(1): 89–105.

Puchta, C. and Potter, J. (1999) 'Asking elaborate questions: focus groups and the management of spontaneity', *Journal of Sociolinguistics*, 3(3): 314–35.

Puchta, C. and Potter, J. (2004) *Focus Group Practice*. London: Sage.

COMPREENDENDO OS DADOS DO GRUPO FOCAL

Objetivos do capítulo

Após a leitura deste capítulo, você deverá:

- ter uma ideia de como fazer sua análise com base nos dados dos grupos focais;
- compreender o papel dos modelos de codificação nesse contexto;
- perceber a relevância da teoria fundamentada como uma abordagem para a codificação e análise.

Este capítulo começa com uma sugestão de que você gere seus próprios dados (usando um breve guia de tópicos - roteiro - sobre os desafios de criar filhos) e permite obter alguma experiência direta com o desenvolvimento de uma codificação de categorias provisória. Ele proporciona alguns exemplos de códigos de categorias de vários níveis de sofisticação analítica e enfatiza a natureza iterativa do processo de análise qualitativa dos dados, enquanto os pesquisadores vão e vêm entre os códigos e transcrições. O papel de abordagens individuais e estilos de aprendizagem também é reconhecido e o capítulo explora a diferença entre os códigos *a priori* e os códigos *in-vivo* dos pesquisadores, sendo esse último derivado dos dados. Isso envolve empregar uma "versão pragmática" da teoria fundamentada, o que permite aos pesquisadores usarem os *insights* dos participantes em seu benefício no desenvolvimento e refinamento de códigos de categorias, enquanto garantem que as questões formuladas pelos financiadores também sejam abordadas. Exemplos de modelagens temáticas de códigos são fornecidos, assim como um uma grade ou matriz de diagrama que permite que os dados sejam sistematicamente interrogados para identificar quaisquer padronizações relevantes. Para uma maior discussão sobre o papel e potencial da teoria fundamentada, veja Gibbs (2007).

■ PRODUÇÃO INICIAL DE ALGUNS DADOS

Você poderá gostar de ter uma chance de produzir alguns dados por conta própria – possivelmente com um grupo de amigos, outros estudantes ou mesmo colegas, em um ambiente como o de um jantar ou um equivalente ao ambiente no qual vocês normalmente se encontram. O tópico que eu sugiro é um que constatei ser altamente bem-sucedido em eliciar discussões espontâneas e francas: "os desafios de criar filhos". Novamente, não é essencial que todos os participantes sejam pais, apenas capazes de refletir por conta própria e a partir de experiências com os próprios pais. Nas oficinas, usei um par de cartoons do livro de Steven Appleby, *Alien invasion! The complete guide to having children* (Londres: Bloomsbury, 1998). Todavia, não é necessário usar materiais de estímulo, pois algumas questões bem colocadas provavelmente bastarão.

Sugiro usar o seguinte como um guia de tópicos (roteiro), tendo em mente as dicas sobre produção de dados e encorajamento de discussão fornecidos anteriormente, em particular a orientação sobre provocar quaisquer diferenças – aqui, provavelmente serão em relação aos *status* dos pais dos próprios participantes, número de irmãos, o próprio lugar na família e o meio cultural (Quadro 9.1). Você poderá se surpreender com quão poucos estímulos você precisa usar para o debate. Como você provavelmente quer que seus amigos e conhecidos ainda falem com você depois disso, eu recomendaria fazer breves notas em vez de sessões de áudio ou vídeo, mas você pode tentar desenvolver uma codificação de categorias logo após o término da discussão, observando os principais temas e tentando agrupar comentários sob subcategorias relacionadas.

> **QUADRO 9.1 GUIA DE TÓPICOS PARA TESTAR OS DESAFIOS DE CRIAR FILHOS**
>
> Que tipo de desafios você acha que as pessoas enfrentam em relação a criar filhos?
>
> ROTEIRO
> - Garantir segurança física
> - Diferenças entre meninos e meninas
> - Dificuldades relacionadas às circunstâncias dos pais – pessoas como você; pessoas diferentes de você
> - Mudanças ao longo do tempo – experiências com os próprios pais
> - Que tipos de erros os pais cometem?
> - Pressão social
> - Drogas e álcool
> - Sexualidade

CRIAÇÃO DE UMA CODIFICAÇÃO DE CATEGORIAS PROVISÓRIA

Não há um jeito certo ou errado para se desenvolver uma codificação de categorias provisória. Ainda que seu guia de tópicos (roteiro) possa proporcionar um ponto de partida, você não deveria, contudo, basear-se somente nisso para gerar todos os temas e categorias. Essa é uma situação muito diferente da envolvida na abordagem quantitativa, na qual os códigos de categorias são determinados antes da administração dos instrumentos de pesquisa. Seria de se esperar que a discussão refletisse as questões propostas pelo moderador, mas a tabela de códigos deve ser suficientemente flexível para incorporar temas introduzidos também pelos participantes do grupo focal. Isso faz sentido, dado o potencial exploratório da pesquisa qualitativa em geral e das discussões de grupo focal em particular. Ao identificar os temas gerais, certifique-se de estar atento a tentar alocar provisoriamente alguns outros temas mais específicos em subcategorias relacionadas a esses títulos amplos. Esse processo lembra reescrever um relatório ou um artigo de jornal, e o melhor guia para se determinar se algo é um tema geral ou uma subcategoria é pensar se os temas são realmente questões "autônomas" ou se elas tratam de aspectos particulares relacionados a configurações mais amplas. Naturalmente, isso não impede que haja relações entre os temas gerais identificados. Ainda que seja muito útil no começo desse processo levantar muitos temas, é importante ter em mente a necessidade de se pensar sobre as conexões entre eles.

Amanda Coffey (Coffey e Atkinson, 1996) mencionou a possibilidade de se desenvolver um "fetiche por códigos", que pode ser encorajado pela facilidade de se estabelecer códigos com o uso de *softwares* (como o Atlas-ti ou o N-Vivo). Esse é um problema que certamente já encontrei em supervisões, com um estudante relatando ter designado 240 códigos associados a 240 temas. Esse não é, certamente, um problema insuperável, mas é algo que precisa ser remediado. No decurso da realização de oficinas, percebi que alguns indivíduos gostam de ler transcrições e atribuir codificações bem detalhadas, para então retornar a elas e agrupá-las em temas mais amplos. Foi isso que o estudante em questão teve que fazer como o próximo passo na análise. Entretanto, outros indivíduos tendem a conceituar em termos de temas amplos e só então considerar como se fragmentam em códigos mais limitados. Realmente não importa que rota seja seguida, pois o produto final deverá ser o mesmo. Os rótulos que você usar para as categorias codificadas inevitavelmente refletirão sua própria orientação disciplinar (Armstrong et al., 1997).

Pode ser útil comparar seus temas com os códigos de categorias provisórios desenvolvidos em duas oficinas em que esse mesmo tópico foi discutido. No ambiente da oficina - e, de fato, no contexto de projetos da vida real, quando os dados são analisados manualmente - favoreci o uso de canetas coloridas. Isso não só facilita a recuperação manual de seções codificadas relevantes nas transcrições como também acostuma o pesquisador a pensar sobre seus dados de maneira conceitual, em vez de uma forma meramente descritiva, como quando ele se limita a simplesmente apontar - e acumular - temas. Todos os *softwares* no mercado enfatizam a necessidade de se agrupar categorias juntas sob títulos. Entretanto, eles usam terminologias diferentes, com alguns utilizando a analogia de relações familiares, enquanto outros usam os termos "árvores" e "nódulos". Ainda que seja impossível oferecer orientações definitivas, eu geralmente esperaria que os projetos gerassem não mais do que vinte temas gerais; não só isso permite uma ampla abertura para subtítulos em seu relatório final como também deixa bastante espaço para manobras, já que você também tem a opção de enfocar questões específicas de sua matriz de códigos ao escrever outros artigos - ou capítulos, se estiver produzindo uma tese.

Reproduzida a seguir (Quadro 9.2) está uma codificação de categorias desenvolvidas durante uma das oficinas de grupo focal, a qual explorou o mesmo tópico virtual dos desafios de ser pai (oficina A). Essa codificação de categorias exibe códigos de terceiro nível, além dos temas gerais e categorias de segundo nível. *Softwares* codificadores como o N-Vivo permitem

QUADRO 9.2 CODIFICAÇÃO PROVISÓRIA DE CATEGORIAS: OFICINA A

(Os temas são apresentados alfabeticamente, em vez de em ordem de importância.)

DESAFIOS PARA PAIS

É possível ser um pai? E um amigo?

MUDANÇAS AO LONGO DO TEMPO

Mais regras e regulamentos – por exemplo, não bater
Crianças mais cientes de seus "direitos"
"Furor" midiático – por exemplo, pedófilos
Maior consciência social da segurança
    Expectativas de redução/eliminação de riscos
Ênfase no materialismo
Crianças não dispostas a fazer trabalhos domésticos

SEGURANÇA INFANTIL

Física
    Mais tráfego
    Caminhar até a escola

CONTEXTO EM QUE A CRIAÇÃO ACONTECE

(Associar às MUDANÇAS AO LONGO DO TEMPO)
Circunstâncias socioeconômicas
    Consumismo
    Crianças tomando gastos com elas como certos
Ambientes rurais e urbanos
Ambientes seguros e menos seguros

PRÓPRIA EXPERIÊNCIA COM OS PAIS

Modelos – próprios pais?
Experiência como o filho mais velho

PREOCUPAÇÕES DOS PAIS SOBRE PADRÕES DE CRIAÇÃO

Preocupação com as percepções dos outros sobre suas habilidades como pais
Criação de filhos sob o olhar público
Tempo passado com os filhos
Mães que trabalham e reconciliamento de papéis
    Possibilidade de sobrecompensação
Desenvolvimento de estilos de criação
    Aprendizado com o primeiro filho
    Menos tempo dedicado aos mais novos
    Erosão das regras ao longo do tempo com filhos sucessivos

SUPORTE PARA PAIS

Educação
Como você sabe que o que você está fazendo é certo?
(Oficina envolvendo participantes com filhos de várias idades.)

codificações em até nove níveis, o que é quase certamente mais do que você precisará (ver Gibbs, 2007).

Sugiro que você agora revise os códigos de categoria desenvolvidas e considere se quaisquer temas ou categorias identificadas na Oficina A podem ser úteis no entendimento do que estava sendo dito em sua própria sessão de grupo focal.

Também anotei no fim desses excertos alguns detalhes sobre a composição dos grupos. Todos os *softwares* também permitem o armazenamento de informações sobre os grupos (e inclusive os membros individuais) (p. ex., no N-Vivo eles são referidos como "atributos"), e ao realizar buscas depois que a codificação foi concluída eles são apresentados para contribuírem na interrogação dos dados – de forma similar ao que você faria com tabulações cruzadas na análise quantitativa (veja a grade ou matriz apresentada no Capítulo 10).

■ TEORIA FUNDAMENTADA

Muitos pesquisadores que usam grupos focais afirmam estar usando uma abordagem de análise de dados que segue a teoria fundamentada (Glaser e Strauss, 1967), a qual é baseada no uso de categorias geradas por participantes.

Claramente, contudo, não é viável trabalhar com a análise de dados como se fosse inteiramente uma "tábula rasa", sem quaisquer concepções prévias do que provavelmente será encontrado. Melia (1997) apontou que a maior parte dos pesquisadores, na verdade, usa uma versão pragmática da teoria fundamentada, a qual reconhece a necessidade de algum tipo de definição de foco e intenção (necessários para a escrita de uma proposta de pesquisa e garantir financiamento e aprovação ética). Ainda que você logo de saída provavelmente já tenha uma boa ideia dos temas que deverão aparecer – o que Ritchie e Spencer (1994) chamam de códigos *a priori*, isso proporciona não mais do que um ponto de partida. Esteja atento ao potencial analítico de frases usadas ou conceitos apelados por participantes dos grupos focais. Udo Kelle fala sobre os códigos *in-vivo* e descreve-os como sendo "teorias dos membros da cultura investigada" (Kelle, 1997). Estes podem ser facilmente distinguíveis dos códigos *a priori*, pois seu significado dificilmente estará de forma imediata aparente, e é provável que exijam alguma explicação do pesquisador.

Os grupos focais são especialmente produtivos no desenvolvimento de códigos *in-vivo*, em particular quando o pesquisador engaja ativamente os participantes em especulações e tentativas de teorizações. Eles podem ser descritos como similares a "bordões" e são muitas vezes relacionados a citações particularmente chamativas, talvez de um dos participantes do grupo focal, que acaba resumindo uma perspectiva comum ou compartilhada. Os participantes, assim como os pesquisadores, estão cientes do potencial da comédia para iluminar processos sociais complexos, e em diversas dessas oficinas com o tópico virtual dos desafios de criar filhos, referências espontâneas eram feitas ao mesmo programa de televisão. Era uma série do Reino Unido apresentada pelo comediante Harry Enfield e mostrava um adolescente desafiador chamado Kevin. O que fazia com que fosse especialmente relevante para os participantes do grupo focal era o modo como o programa destacava a rapidez da transformação de um garotinho angelical a um adolescente difícil e revoltado. Esse foi o aspecto do bloco mencionado por todos que apelaram a ele no decurso das discussões de grupo focal e foi o retrato da rápida transição, em particular, que parecia encontrar ressonância entre os participantes.

Outro tema ao qual muitos dos grupos focais aludiram era a respeito do complexo conjunto de ideias sobre mudanças no mundo social em que as crianças estavam vivendo. Enquanto a maior parte dos participantes concordava que o mundo hoje em dia é um lugar menos seguro para as crianças, eles reconheceram, ao mesmo tempo, que a mídia de massa talvez desempenhe um papel importante no exagero dos perigos representados por pedófilos e estavam cientes de que eles talvez estivessem olhando para suas próprias infâncias através de "lentes cor-de-rosa". Um tema relacionado era a preocupação expressa pela ideia das crianças dos dias de hoje serem "crianças de carpete", dependendo de jogos de computador, em comparação com seus próprios pais e avós que "faziam suas próprias brincadeiras".

Em um dos grupos focais uma participante discorreu liricamente sobre sua própria infância, dizendo que ela tinha o hábito de passar o dia inteiro andando de bicicleta e colhendo amoras nos bosques, e contrastou isso com as atividades das crianças de hoje e os medos e a vigilância constante resultante disso por parte de seus pais. Ao mesmo tempo, ela também reconheceu o potencial de se superestimar os perigos para as crianças. Sua declaração ressoou diretamente com os outros participantes, que seguiram usando a frase "colhendo amoras nos bosques" como uma frase pronta quando queriam reconhecer a natureza dual envolvida em atividades potencialmente contraditórias de se olhar para um "passado mítico" e comentar a preocupação atual com a segurança das crianças. Portanto, de uma forma bem humorada, autodepreciativa e irônica, eles exploraram algumas das complexas questões e esclareceram tensões subjacentes, proporcionando valiosos *insights* das construções sociais. Assim, "colher amoras nos bosques" proporciona um exemplo excelente de um código *in-vivo*: ele resume, nas palavras dos participantes, um argumento complexo, mas também requer mais explicações do pesquisador na garantia de um relato escrito.

REVISÃO DE SUA CODIFICAÇÃO DE CATEGORIAS

O código de categorias provisório a seguir foi desenvolvido em uma oficina na qual os participantes eram pesquisadores mais experientes do que os envolvidos na oficina A e proporciona um exemplo de uma sofisticação analítica maior. Ainda que essa tenha sido a primeira tentativa deles de produzir uma codificação de categorias, ela serve como um bom exemplo do que você pode esperar atingir ao revisar seu código de categorias anterior. Particularmente, esses participantes da oficina haviam seguido o conselho geral de tentar conceituar em termos de polaridades ou contínuos, ambos os quais são dispositivos úteis (ver Quadro 9.3).

QUADRO 9.3 CODIFICAÇÃO PROVISÓRIA DE CATEGORIAS: OFICINA B

(Os temas são apresentados alfabeticamente, em vez de em ordem de importância.)

ALCANCE DE UM EQUILÍBRIO
Disciplina *versus* desenvolver independência/individualidade
Superproteção *versus* delegar responsabilidades às crianças
Reagir desmedidamente *versus* garantir segurança física
Querer saber tudo *versus* "fingir que não viu nada"
Ser neurótico *versus* identificar situações em que é preciso intervir
Confiança
Permitir coisas moderadamente em vez de as crianças fazerem as coisas sem o conhecimento dos pais

MUDANÇAS AO LONGO DO TEMPO
Mudanças culturais/mudanças sociais
As crianças são mais vulneráveis agora *versus* maior publicidade resulta nessas questões
Caminhar à escola
O papel da mídia
Aprendizado com o primeiro filho
Flexibilidade *versus* "rédeas curtas"
Ver a infância diferentemente agora que se está mais velho
Eu acho que eu era uma criança terrível!

(Continua)

(Continuação)

DIFERENÇAS ENTRE AS CRIANÇAS
Gênero
Tratamento de meninos e meninas de forma diferente
Pais se preocupando com diferentes questões para meninos e meninas
O desafio de criar filhos de sexos opostos na puberdade
Especialmente para mães solteiras de meninos
Meninas em maior perigo que meninos OU meninos em maior perigo que meninas
Meninas sendo mais cheias de segredos
Meninos sendo menos comunicativos
Personalidade/comportamento
Alguns filhos testando os pais ao limite
Desafios para os pais em diferentes estágios da infância
"Hormônios efervescentes" - variações de comportamento de um dia para o outro

CASAIS COMO PAIS
Diferenças entre casais
Pais dividindo as responsabilidades

ASPIRAÇÕES PARENTAIS
Aspirações *versus* realidade
Desejo de ser igual aos próprios pais *versus* tentativa de ser diferente
Mais abertura a respeito da sexualidade

SEXUALIDADE
O desafio de criar filhos de sexos opostos na puberdade
Especialmente para mães solteiras de meninos
Irmãos assumindo um papel quase equivalente ao dos pais
Puberdade
Mais aberto do que os próprios pais

INFLUÊNCIAS MAIS AMPLAS NA PATERNIDADE
A mídia
Escolas
Outros pais - pressão do grupo de pares
Mais críticas a pais solteiros?
Circunstâncias financeiras
Pressões consumistas nas crianças (inclusive questões sobre peso)
Vizinhos mantendo os pais informados
(Oficina com participantes, a maior parte constituída por pesquisadores experientes, e vários deles com filhos adolescentes ou crescidos.)

MODELAGEM PARADIGMAS CODIFICADORES

Todos os *softwares* disponíveis enfatizam a necessidade de se distribuir os códigos de maneira hierárquica, como fiz acima. Contudo, eles também têm a facilidade de apresentar os códigos de modo diagramático, como o *Model Explorer* do N-Vivo, o que pode ser útil, já que isso permite a você visualizar as conexões entre as subcategorias mais claramente e com maior sofisticação do que é possível usando listas simples. Isso também pode ser importado em documentos, o que é um bônus extra. É possível usar esses modelos para resumir virtualmente todo o argumento ou esquema explanatório aplicado a um projeto de pesquisa (ver também Gibbs, 2007).

Em vez de ver as relações entre as subcategorias que estão agrupadas sob diferentes temas gerais como problemáticas, eu enfatizo que seria muito mais preocupante se os dados pudessem ser divididos claramente em categorias separadas sem quaisquer conexões. Isso, para mim, seria um sinal de que os dados podem ter sido forçados para se encaixarem em categorias existentes em vez de as categorias advirem dos dados, o que, particularmente na pesquisa qualitativa, tende a ser complexo e multifacetado, com seções individuais da transcrição capazes de se encaixar simultaneamente em mais de um código de categoria, alguns dos quais podem estar relacionados a diferentes temas gerais. Excertos longos de dados – ou mesmo curtos – podem ser codificados usando até nove diferentes temas ou subcódigos (e isso é possível em todos os *softwares*). Algumas vezes exatamente a mesma seção de uma transcrição está relacionada a mais de um código, mas, em outras situações, as seções associadas a um código estão inseridas em seções maiores, que podem estar relacionadas a um código mais geral. Em outros momentos, os códigos podem se sobrepor. Para um exemplo de excertos de dados codificados que mostram aninhamentos e sobreposições em ação, veja os exemplos fornecidos pelo relato de Frankland e Bloor (1999, p. 148-149) sobre como realizaram análises sistemáticas de materiais de grupos focais gerados em seu estudo de tabagismo e interrupção do hábito de fumar no ambiente escolar.

De modo a ilustrar como os códigos podem ser quebrados em subcódigos, baseei-me em categorias desenvolvidas para proporcionar um entendimento dos dados produzidos nas oficinas com o tópico da presença dos pais na hora dos partos. A Figura 9.1 proporciona um exemplo do tipo de diagrama que pode ser produzido. Ela começa ao se observar os diferentes tipos de relações que podem estar envolvidos e as questões discutidas em relação a cada uma destas. O diagrama começa a demonstrar como subcategorias estão inter-relacionadas, com, por exemplo, as questões "tornar-se uma família" – para o "casal" – também envolvendo uma mudança na relação com "amigos e a família mais ampla". Outra questão é a inclusão tanto dos

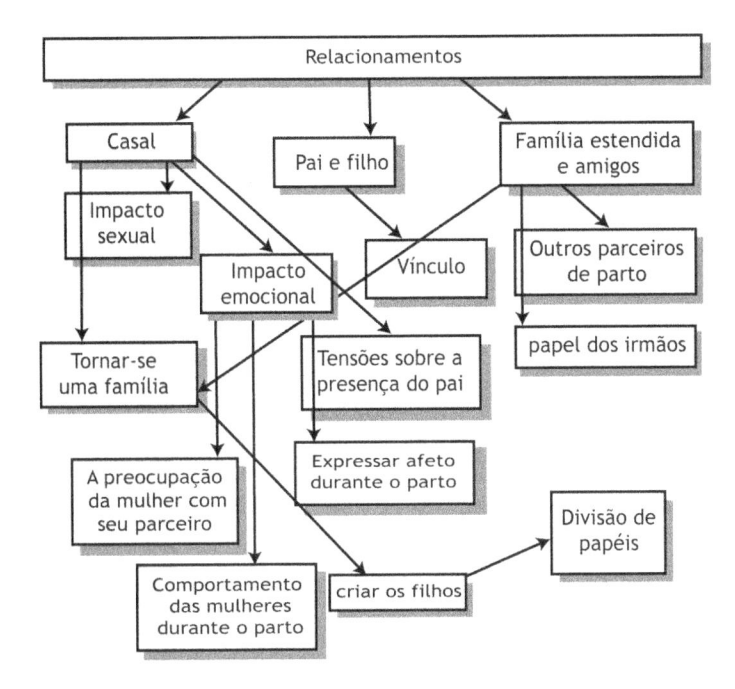

FIGURA 9.1 Codificação: Subdivisões.

aspectos negativos da relação quanto dos positivos, e isso pode ser usado para desenvolver um diagrama um tanto diferente, no qual isso pode ser o foco de uma seção em um relatório ou artigo.

Outro diagrama de códigos (Figura 9.2) mostra como polaridades podem ser usadas para vantagem analítica: nesse caso, em relação a construções do papel dos pais. Um interessante aspecto desse diagrama é que ele captura a natureza dual da "voz de comando", que algumas vezes é vista como uma característica positiva do papel do pai, mas que também em certas ocasiões, é vista negativamente. Isso está no contexto dos homens levarem seu papel "muito a sério", lembrando as mulheres, por exemplo, de que se comprometeram a suportar o trabalho sem alívio de dor. Tais comentários foram associados ao subcódigo "ser superprotetor".

A Figura 9.3 explora o tema da "interface leigo-profissional", com dados designados para os seguintes subcódigos: "gerenciamento profissional", que se relaciona aos procedimentos envolvidos na condução de partos; "atitudes profissionais", que cobre as visões sobre a presença dos pais na hora do parto (com um subcódigo para atitudes das parteiras, já que elas emergiram como uma "comunidade de interesse" particularmente falante); e "barreiras",

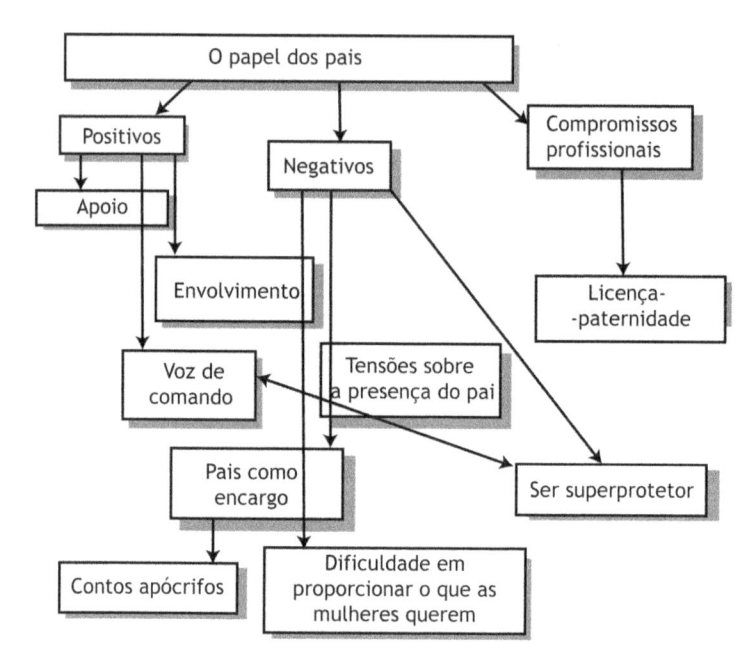

FIGURA 9.2 Codificação: Positivos.

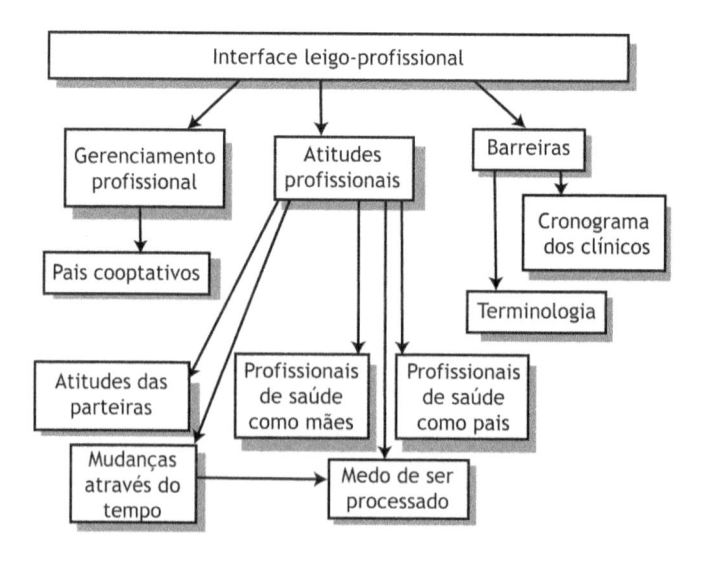

FIGURA 9.3 Codificação: múltiplas influências.

que foram usadas para explorar os modos pelos quais tanto os profissionais quanto o público reconheceram que o ideal da presença dos pais no parto poderia ser difícil de operacionalizar. Em relação às "atitudes profissionais", dois subcódigos particularmente interessantes examinam as construções sociais de profissionais da saúde como, respectivamente, mães e pais. Eles levam em consideração os múltiplos papéis que todos nós temos e usam isso para vantagem comparativa ao demonstrar como comentários e discussões em grupos focais partem dessas diferentes fontes, muitas vezes para colocar pressupostos e preocupações em discussão. Mais uma vez, alguns profissionais de saúde se juntaram ao pesquisador no processo de análise ao salientarem e proporcionarem comentários sobre os *insights* possíveis mediante a análise do tópico da presença dos pais através das distintas lentes existentes como profissionais e como pais.

Não há uma fórmula fácil para desenvolver códigos analiticamente sofisticados, e isso sublinha o desafio envolvido na tentativa de se "ensinar" métodos qualitativos. Vários autores, incluindo Hammersley (2004), têm debatido sobre se as habilidades envolvidas são "ensinar" ou "capturar". Suspeito que um pouco das duas esteja envolvido, ainda que, sem dúvida, algumas pessoas considerem isso mais fácil do que outras. Todavia, há algumas orientações que são úteis de se lembrar.

Primeiro, tente questionar ou "problematizar" seus próprios pressupostos disciplinares. Isso é mais fácil de falar do que fazer, já que eles provavelmente já foram internalizados ao ponto em que podemos não mais reconhecer de onde as ideias vêm, considerando-as, ao invés, como atitudes pessoais. Aqui a equipe multidisciplinar se apresenta, e o potencial analítico proporcionado pela discussão de equipe é discutido de forma detalhada no próximo capítulo.

É importante permanecer alerta para os conceitos aos quais os participantes estão apelando e prestar atenção à linguagem, e mesmo construções de sentença e dispositivos retóricos, que eles empregam. Essa abordagem remete aos métodos usados em análise de conversação e discurso, mas não há razões para que você não possa aplicar um pouco deles quando apropriado, sem ter adotado essa abordagem por inteiro. Ocasionalmente penso que algumas das habilidades envolvidas são mais próximas daquelas requeridas na crítica literária – algo com o que eu tenho alguma experiência, tendo começado minha carreira como estudante de línguas.

Esteja sempre à procura de tensões ou dilemas aos quais os participantes podem explicitamente referir. Eles também podem estar implícitos. Ao fazer sentido da variação nas perspectivas, também é útil pensar se elas podem ser melhor descritas em referência a polaridades (p. ex., afirmações opostas) ou se formam um *continuum*. Contudo, como Howard Becker (1998,

p. 9) sugere, não há cronograma para tais inspirações; em vez disso, faz parte do incerto e continuamente evolutivo processo iterativo da pesquisa qualitativa:

> Nenhum dos truques de pensamento neste livro tem um "lugar próprio" no cronograma para a construção de tal dispositivo (no caso que estamos discutindo – uma codificação de categorias). Use-os quando parecer que podem fazer seu trabalho ir adiante – no começo, no meio ou perto do fim de sua pesquisa.

Muitos pesquisadores qualitativos apelaram à noção de "saturação" para descrever o ponto no qual julgam que a codificação de categorias é suficientemente eficiente para não necessitar de mais acréscimos. Esse ponto, contudo, é um tanto ilusório. Como Mauthner e colaboradores (1998) sugerem, quase sempre é possível retornar a uma base de dados e identificar novos temas, talvez após muitos anos, levando em conta em sua reanálise *insights* obtidos de outras leituras, projetos de pesquisa subsequentes e eventos da vida pessoal. Contudo, no "mundo real" dos prazos para relatórios a entidades financiadoras e términos iminentes de contratos de pesquisas de curto prazo, é sábio contentar-se com o que poderia ser descrito como uma codificação de categorias "boa o bastante". Isso não inocenta o pesquisador de engajar-se no processo iterativo descrito, aplicando uma abordagem extensiva e sistemática para o desenvolvimento de codificações de categorias ou documentando os passos tomados durante o processo de análise. Entretanto, em última análise o nível de detalhamento necessário para codificações de categorias depende do propósito a que você quer colocar seus dados. Por exemplo, para escrever um relatório a entidades financiadoras, pode não ser preciso ir muito além das codificações gerais, bastando usar subcódigos para dar detalhes ilustrativos. Esquemas de codificação mais sofisticados, como o ilustrado na Figura 9.3, podem ser usados para escrever artigos mais aprofundados na teoria para revistas acadêmicas com um foco disciplinar específico (ver a discussão mais detalhada sobre a apresentação de achados a partir de grupos focais no Capítulo 10).

PONTOS-CHAVE

Fazer sentido dos dados qualitativos por meio do desenvolvimento e da elaboração de um esquema de codificação é um processo complexo e inerentemente "confuso". Isso se dá porque os métodos qualitativos fornecem *insights* das altamente sofisticadas construções sociais empregadas pelos respondentes, incluindo as muitas contrações que se tornam aparentes e as distinções e qualificações que eles fazem pelo caminho. O fato de que os dados não possam ser alocados, de uma vez por todas, em uma ótima codificação de categorias não é, entretanto, uma limitação da pesquisa com grupos focais; em vez disso, é um testemunho de seu potencial único de elaborar e proporcionar um entendimento mais profundo do processo que destrincha o desenvolvimento de visões e identidades coletivas. O rigor é obtido por meio de um processo iterativo sistemático e extensivo, no qual os códigos de categorias são continuamente sujeitos a revisões à luz dos exemplos discordantes ou exceções de conceitos e padrões identificados. Esse processo de interrogação também é discutido no Capítulo 10. Existem, contudo, algumas orientações úteis a respeito de começar a extrair sentido de seus dados:

- Não se fie em seu guia de tópicos (roteiro) para elaborar codificações de categorias.
- Inclua códigos *in-vivo* e códigos *a priori*. Esteja alerta aos conceitos empregados pelos participantes e à linguagem, estrutura de sentença e dispositivos retóricos empregados pelos participantes. Tome nota de quaisquer tensões ou dilemas e de se perspectivas são expressas em termos de polaridades ou de contínuos.
- Pense sobre as conexões entre as categorias e procure agrupá-las sob temas mais gerais.
- Movimente-se repetidamente entre os códigos de categorias (acrescentando ou renomeando temas e categorias ou realocando categorias a outros temas) e as transcrições (recodificando usando as codificações revisadas e gerando novas ideias para novas alterações ou acréscimos às codificações).
- Lembre-se de que as categorias podem aparecer sob mais de um tema, mas certifique-se de anotar de onde isso ocorreu.
- Lembre-se de que qualquer seção de texto pode receber tantas codificações quanto você achar apropriado – os códigos podem ser contíguos, aninhados ou sobrepostos.
- Ainda que você possa revisar seus códigos, nunca descarte códigos de categorias mais detalhados do que os outros que você já atribuiu, já que podem ser o foco de artigos posteriores.

LEITURAS COMPLEMENTARES

Estes trabalhos oferecem mais orientações sobre como começar a analisar dados provenientes de grupos focais:

Gibbs, G. (2007) *Analyzing Qualitative Data*. (Book 6 of *The SAGE Qualitative Research Kit*). London: Sage. Publicado pela Artmed Editora sob o título *Análise de dados qualitativos*.

Hussey, S., Hoddinott, P., Dowell, J., Wilson, P. and Barbour, R.S. (2004) 'The sickness certification system in the UK: a qualitative study of the views of general practitioners in Scotland', *British Medical Journal*, 328: 88-92. (ver materiais complementares para uma análise detalhada do quadro de codificação desenvolvido).

Kelle, U. (1997) 'Theory building in qualitative research and computer programs for the management of textual data', *Sociological Research On-line*, 2: http://www.socreson-line.org.uk/2/2/1.html

McEwan, M.J., Espie, C.A., Metcalfe, J., Brodie, M. and Wilson, M.T. (2003) 'Quality of life and psychological development in adolescents with epilepsy: a qualitative investigation using focus group methods', *Seizure*, 13: 15-31.

Mason, J. (1996) *Qualitative Researching*. London: Sage (especialmente o Capítulo 6 sobre seleção, organização e indexação de dados qualitativos).

Melia, K.M. (1997) 'Producing "plausible stories": interviewing student nurses', in G. Miller and R. Dingwall (eds), *Context and Method in Qualitative Research*. London: Sage, pp. 26-36.

10

DESAFIOS ANALÍTICOS NA PESQUISA COM GRUPOS FOCAIS

Objetivos do capítulo

Após a leitura deste capítulo, você deverá:

- apreciar as questões associadas a uma análise mais profunda dos grupos focais;
- compreender como usar as características do grupo para avançar na análise;
- saber como interpretar o silêncio e como lidar com complexidades na análise;
- compreender como identificar padrões nas discussões em grupo.

Este capítulo explora os desafios analíticos levantados pela pesquisa com grupos focais. Discute e proporciona algumas dicas sobre como captar e usar analiticamente todas as importantes características da interação em grupo. Ele reconhece que os grupos focais podem enfatizar em demasia o consenso e sugere meios de evitar – ou ao menos de antecipar – essa tendência. Ainda que o grupo seja a principal unidade de análise, também vale a pena levar em consideração as vozes individuais no grupo, e este capítulo apresenta alguns exemplos que mostram os benefícios de se prestar atenção a essa questão. Também demonstra como o método de comparações constantes pode ser usado para interrogar similaridades e diferenças entre grupos, proporcionando vários exemplos extraídos tanto de oficinas quanto de estudos financiados. A utilidade de se produzir uma matriz ou grade é salientada, já que isso permite que se identifiquem sistematicamente os padrões e evita análises impressionadas, aumentando o rigor. É defendido que as lacunas são tão importantes quando os agrupamentos nessas grades, e o potencial analítico dos silêncios (com alguns exemplos ilustrando a importância do que não é dito em contextos particulares) é explorado. A seção final é a respeito do uso reflexivo dos históricos pessoais e profissionais dos membros da equipe de pesquisa como um recurso na análise dos dados do grupo focal.

USO DE INTERAÇÕES E DINÂMICAS DE GRUPO PARA VANTAGEM ANALÍTICA

Assim como Kitzinger (1994) enfatiza, o objetivo de desenvolver grupos focais é capturar a interação entre os participantes. Em vez de simplesmente extrair os comentários feitos pelos indivíduos, grandes dividendos podem ser obtidos ao se prestar a devida atenção ao que está acontecendo durante um momento de interação, uma vez que o todo pode ser infinitamente maior do que a soma das partes. Na oficina em que os participantes discutiram suas experiências de uso dos serviços de clínicos gerais fora do horário de expediente, um grupo focal formulou uma solução que envolvia uma triagem por uma equipe de "enfermeiras telefonistas". Isso estranhamente previu os princípios básicos do NHS 24, que foi introduzido algum tempo depois, e salienta a capacidade dos grupos focais de desenvolverem soluções.

O modo no qual os dados são apresentados pode resultar em uma apresentação simplista demais de discussões complexas (Green e Hart, 1999), e há uma importante diferença entre relatar o conteúdo da concordância atingida pelo grupo e presumir que todos os membros necessariamente compartilham essas mesmas visões fora da situação específica criada pela discussão do grupo. O exemplo anterior ilustra a utilidade dos grupos focais para colher as habilidades criativas de solução de problemas dos participantes, mas a cautela deve ser exercitada a respeito de extrapolar a partir disso para falar sobre as opiniões dos indivíduos. Grupos focais podem enfatizar em demasia o consenso (Sim, 1998).

Não somente pode um aparente consenso mascarar importantes gradações ou ênfases: Waterton e Wynne (1999) comentam que muitas discussões fracassam em atingir uma posição coerente final. Isso, é claro, não é um problema, a menos que o pesquisador esteja operando com o pressuposto implícito de que cada grupo atingirá um consenso e que isso, por sua vez, proporcionará bases definitivas para comparações. Também é possível ao moderador cuidadoso levar em conta a tendência dos grupos focais de gravitarem em torno de um consenso e ativamente buscar o recrutamento de indivíduos que tendem a apresentar perspectivas contrastantes (talvez em virtude de diferentes circunstâncias ou experiências – ver Capítulo 5) ou elaborar questões ou exercícios projetados para conduzir a discussão para longe de uma concordância e explorar mais as áreas controversas capazes de provocar as diferenças de opinião e debates (ver Capítulo 6).

COMPARAÇÕES CONSTANTES: DIFERENÇAS INTER E INTRAGRUPOS

Os pesquisadores que buscam analisar os dados dos grupos focais frequentemente procuram orientações sobre a extensão na qual eles deveriam estar realizando análises ao nível do grupo e quanta atenção devem prestar aos comentários expressos pelos indivíduos dentro dos grupos. Como sempre, a resposta não é exatamente objetiva; o analista de dados judicioso perseguirá várias estratégias diferentes de forma simultânea. Assim como discutido no Capítulo 7, é útil ter detalhes registrados em relação aos participantes do grupo focal, para que você possa acessar não só simplificações rascunhadas dos grupos em termos de sua composição, mas também para que possa usar as informações sobre os indivíduos para explorar diferenças intragrupos. Isso também pode, como vimos, informar novas estratégias amostrais. Focar-se em vozes individuais, contudo, é particularmente útil na determinação da extensão na qual uma perspectiva é realmente coletiva.

É a aplicação sistemática de comparações constantes que ajuda a análise qualitativa dos dados a transcender os limites dos relatos puramente descritivos. Na prática, isso significa focar tanto em diferenças inter quanto intragrupos.

IDENTIFICAÇÃO DE PADRÕES

A contagem é uma abordagem que não é inteiramente estranha à análise qualitativa de dados. De fato, Silverman (1993) salientou a importância da contagem na identificação de padrões em nossos dados, distinguindo isso das tentativas de se usar números de maneiras que associem significância aos verdadeiros valores, e o que eu descreveria como "quantificação ilusória" (Barbour, 2001). A abordagem à análise de dados defendida por Ritchie e Spencer (1994), chamada "análise por tabelas", depende do uso de uma tabela para identificar padrões nos dados. Isso permite que você veja logo no início a preponderância e distribuição dos comentários em temas específicos nos vários grupos focais convocados no decurso de seu estudo. Você pode desejar produzir mais de uma tabela para cobrir um conjunto de temas e códigos de categorias. Um exemplo é apresentado na Figura 10.1, a partir de uma base de dados cumulativa gerada nas oficinas com o tópico da presença dos pais nos partos. Essa tabela, ou matriz, resume a padronização em relação ao levantamento de questões específicas (ou códigos) sob o tema geral da interface leigo-profissional no contexto de cinco grupos focais (com homens, mulheres, ambos os gêneros, parteiras e profissionais de saúde do sexo masculino).

Enquanto a maior parte dos grupos conversou sobre as barreiras e tensões, o medo de litígio é uma questão adicional que consterna os profissionais de saúde. Os grupos de mulheres estavam mais interessados na discussão dos planos de nascimento – talvez porque elas tinham experiências pessoais no desenvolvimento destes ou, no caso dos grupos de parteiras, na tentativa de responder construtivamente a eles na prática. Curiosamente, os comentários sobre os homens nas salas de parto sendo vistos como um encargo em potencial estavam confinados aos grupos exclusivamente femininos, com isso surgindo tanto no grupo exclusivo de mulheres quanto no grupo de parteiras. Naturalmente, ambos os grupos eram exclusivamente femininos, ainda que o grupo de parteiras também incluísse algumas mulheres que eram capazes de se basear em sua experiência profissional e como mães. Um diagrama como esse também pode se beneficiar do uso de iniciais (adequadamente anônimas) para denotar comentários de indivíduos, e também pode ser útil incluir uma referência à localização desse excerto na transcrição codificada (o que ajuda na seleção das citações para a escrita). Essa prática também

Interface leigo-profissional	Barreiras	Homens como encargos	Medo de litígio	Plano de tensões	Tensões
GF1 Mulheres		√√√√		√√	√
GF2 Homens	√√√√				√√
GF3 Misto	√		√		
GF4 Parteiras	√√	√√√	√√√√	√√	√√
GF4 Profissionais de saúde homens	√√		√√		√√√√

FIGURA 10.1 Tabelas e grades.

permitiria ao pesquisador levar em conta as vozes individuais e pode resultar em mais teorizações - por exemplo, a respeito das diferenças nas perspectivas dos participantes de várias idades ou tempos de experiência profissional. Novamente, os *softwares* têm a facilidade de produzir tabelas similares, que podem ser importadas em outros documentos (ver Gibbs, 2007).

É importante notar que a prática de desenvolver e utilizar essas tabelas previne avaliações impressionadas se infiltrando na análise. Dada a necessidade do pesquisador começar alguma análise preliminar durante a produção e o início de processamento dos dados, é inevitável que ele acabe fazendo algumas generalizações - talvez simplesmente ao resumir ideias iniciais para os outros membros da equipe de pesquisa. Aqui, é importante aproveitar as informações adicionais que estão disponíveis à equipe via o moderador original. Traulsen e colaboradores (2004) defendem que a equipe de pesquisa dos grupos focais muitas vezes entrevista o moderador imediatamente após cada discussão de grupo focal encerrado. Ainda que isso possa ser de extrema valia para produzir notas detalhadas e ricas em contexto (como recomendado no Capítulo 6), eu diria que é ainda mais valioso construir um mecanismo que capture esses *insights* extras durante o processo de análise - e, em particular, para usá-los para questionar os padrões identificados nas tabelas enquanto a equipe de pesquisa tenta, coletivamente, elaborar uma explicação para as similaridades e diferenças observadas. Essa foi uma abordagem que nós usamos em nosso estudo de perspectivas e respostas a incidentes racistas, em que empregamos uma equipe de moderadores. Combinamos sessões de análise de equipe com mais treinamento para os moderadores, a maior parte dos quais eram estudantes de pós-graduação. Se tivéssemos feito uma recapitulação imediata da discussão de grupo, suspeito que não teríamos usado as observações deles plenamente, uma vez que isso teria exigido que identificássemos primeiro quais aspectos das discussões de grupo focal, ou circunstâncias individuais provavelmente seriam relevantes durante a análise. Entretanto, não faz mal usar ambas as abordagens para tentar dispor de tantas informações potencialmente úteis quanto possível.

Um exemplo ilustrativo é o estudo focando incidentes racistas, no qual os membros da equipe puderam ver um relato preliminar que continha a citação do grupo de jovens homens brancos "nativos" que fazia referência à "loja *paki* branca". Alguns dos membros da equipe pensaram que isso havia sido atribuído por engano, já que se pensava que esses comentários houvessem ocorrido apenas nos grupos de mulheres brancas. Contudo, depois que as transcrições foram verificadas, viu-se que essa referência realmente havia sido atribuída de forma correta. Talvez porque o grupo de jovens homens brancos havia se provado uma fonte tão rica de dados a respeito de outros temas, essa referência não havia aparecido nem no relato do moderador nem no relato de outros membros da equipe, que sempre serão enviesados e parciais.

☑ A COMPOSIÇÃO DO GRUPO COMO UM RECURSO NA EXPLICAÇÃO DE DIFERENÇAS

Diferenças na composição dos grupos algumas vezes podem fornecer uma explicação para diferenças observadas na ênfase ou no conteúdo das discussões, ainda que, é claro, seja importante não concluir nada precipitadamente, mas também procurar, de forma sistemática, por exceções nessa padronização. Nas oficinas que usaram a presença dos pais em partos como o tópico para discussão, grupos constituídos apenas por mulheres falaram muito mais sobre os aspectos íntimos de dar à luz.

Dada a preponderância de mulheres entre essas pesquisadoras interessadas em participar das oficinas de grupos focais, apenas ocasionalmente foi possível fazer grupos só com homens. Entretanto, as discussões provenientes desses grupos eram notavelmente diferentes, proporcionando um interessante contraste com os dados gerados em grupos de gêneros mistos. Em grupos só de homens (com moderadores homens), os homens falaram em maior profundidade e mais extensivamente sobre o impacto emocional de estar presente em partos, aparentemente sentindo que eles tinham permissão, nesse contexto um tanto fora do comum, para falar de seus sentimentos mais detalhadamente do que o normal – em particular, como no exemplo abaixo, quando todos os participantes eram pais que haviam estado presentes em partos (ver Quadro 10.1). Essa transcrição se destaca pelo fato de os homens terem falado consideravelmente mais do que o que em geral acontecia nos grupos de gêneros mistos. A linguagem também era mais emocional, ainda que Colin tentasse se distanciar usando certas gírias como "cara", e mesmo Nick utilizasse várias vezes a palavra "cara" junto com um relato emocionado de suas experiências. Curiosamente, não havia exemplos, como o de Colin, de pais admitindo sentirem-se diferentes em grupos em que mães também estivessem presentes.

A discussão que se segue é dependente não só da composição do grupo, mas das características do moderador, como elas são percebidas pelos participantes e a complexa dinâmica envolvida.

☑ USO DE DINÂMICAS DE GRUPO COMO UM RECURSO NA ANÁLISE

Brannen e Pattman (2005) refletem sobre os comentários críticos feitos por homens sobre a atuação dos administradores a respeito da implementa-

QUADRO 10.1 UM GRUPO FOCAL SÓ DE HOMENS COMO UMA OPORTUNIDADE DE EXPRESSAR "SENTIMENTOS"

(Excerto Um)

Nick: A minha experiência foi que com nosso primeiro filho, todo o acompanhamento pré-natal foi feito por um monte de parteiras e que estava acontecendo em um... em um palco, basicamente, e elas estavam brandindo grandes fórceps, dizendo "Ho, ho, ho!" – o que não era particularmente construtivo, e... Mas tudo foi inteiramente feito em torno da mulher – os únicos comentários que elas fizeram sobre os caras foi que ...eu acho que foram sobre duas coisas: um, er... "Nós podemos tirar você da sala se quisermos" e, dois, er, algo como, "comporte-se", basicamente, de certa forma implicando, e, o dois é, "a criança – você não é legalmente o parente mais próximo – essa é a mãe". Agora, eu, eu me senti, ao final disso tudo, que não era nada e... e não havia nada a fazer para... para dizer, hã, "caras – vocês podem achar difícil ver alguém que vocês amam em uma dor tão desesperadora", então, em termos de, você sabe, quais eram as percepções delas sobre a presença dos pais nos partos, me pareceu que elas tinham uma certa atitude, "bem – nós não precisamos deles aqui de qualquer forma, porque nós podemos lidar com isso. Não vamos dar nenhuma orientação construtiva – particularmente em termos do que você pode fazer, sabe, trazer algo que, ho, ho, ho. Alguém da enfermaria aqui? Ah, bem, você pode trazer seu próprio sprayzinho e blá e blá, um pouco de algodão e faça um pouco de pressão, ou sei lá." Foi... foi bastante orientado para a mulher e não havia nada para os caras – tudo sobre o cara parecia ser negativo, mas obviamente com ele ausente. Esse foi mais o caso com o primeiro filho, quando eu de repente me dei conta de que havíamos passado vinte horas – um parto bastante longo – em muita dor em boa parte do tempo, e eu estava basicamente arrasado no dia seguinte e eu... eu realmente senti que naquele ponto que os negócios do pré-natal foram... foram uma piada do ponto de vista do cara, porque foi uma experiência traumática. Não houve preparação – não havia reconhecimento nenhum. Foi inteiramente negativo.

(Excerto Dois)

Nick: Eu tenho que dizer que eu... eu... eu não tenho certeza se ter uma prática de profissional de saúde faria tanta diferença assim, no sentido de que, hum, a visão de um parto – possivelmente o choque de um parto, sem as questões do sangue e órgãos – apenas passar por um período tão prolongado de tempo vendo alguém que... que você ama desesperadamente estando em uma... uma situação de tanta dor.

(Excerto Três)

Daniel: ...então ele foi trazido de volta meia hora depois. "Aqui está seu filho". Então nós tivemos... parece que... eu várias vezes já me perguntei se eles trocaram ele por outro, na verdade, especialmente...

Colin: (ao mesmo tempo) Ele é tão ruim assim? (rindo)

Daniel: Meu Jesus, terrível! (ri e os outros juntam-se a ele) e "Ele não pode ser nosso – tem que ser filho de outra pessoa! "

(Continua)

> (Continuação)
>
> Colin: É... é interessante, hum... hum, eu acho, essa é interessante. Novamente, eu estou refletindo sobre o meu... meu... a... a última experiência quando, sabe, Kirsty estava desacordada, então, efetivamente, sabe, a criança foi realmente entregue a mim – não a ela.
>
> Eric: hum...
>
> Colin: ...em um, sabe, então fui eu que vi o pirralho saindo e recebendo reanimação mínima e tal e então, sabe, incubado, e todas essas coisas mas... mas, na verdade, por três ou quatro dias, Kirsty não ligava a mínima para essa criança que ela queria desesperadamente e eu não e eu então tive... eu (risada) sabe, mas eu não tive nenhuma dificuldade – um tanto para a minha surpresa – em aceitar essa, hã, criança que eu particularmente não queria. Agora, eu não sei se foi toda a, sabe, toda a experiência, ou se o negócio de estar presente no parto e o... foi instrumental nisso ou não, mas eu posso imaginar que ajudaria. Mas seria realmente estranho se você estivesse fora no seu poço de petróleo... e aí voltasse e lá estava sua família pronta, isso seria um tanto "Wow!", sabe, não seria?
>
> (Excertos da oficina de grupo focal com pais)

ção de políticas voltadas à família no ambiente de trabalho em grupos focais só de homens moderados por uma pesquisadora mulher. Eles comentam que as dinâmicas de grupo possibilitaram uma discussão particularmente animada e sugerem que essa foi uma situação em que a moderadora dispunha de uma posição especial, na qual ela recebia um certo *status* privilegiado.

Algumas vezes, contudo, as dinâmicas de grupo operam para incitar os participantes uns contra os outros, como ilustrado no exemplo a seguir (ver Quadro 10.2). No contexto das discussões das oficinas sobre a presença dos pais em partos, a influência das parteiras era aparente, de modo que certas questões eram mais prováveis de surgirem – em particular, vendo a presença dos homens como um impedimento para a prática das atribuições profissionais (como também pode ser visto na Figura 10.1). Em vez de simplesmente procurar identificar as visões dos vários participantes, a atenção ao contexto em que os comentários são feitos e as trocas entre os membros do grupo nos permitem desenvolver uma análise que leva em conta as complexidades envolvidas, incluindo as explicações, justificativas e hipóteses provisórias adiantadas pelos participantes de nossa pesquisa.

☑ PARTICIPANTES DE GRUPOS FOCAIS COMO "COANALISTAS"

Os participantes de grupos focais, que, como discutido no Capítulo 6, muitas vezes são bastante habilidosos a respeito de interagir no ambiente

QUADRO 10.2 O IMPACTO DAS DINÂMICAS DE GRUPO

Eu estava moderando uma discussão de grupo focal que fazia parte de uma oficina. O grupo era composto por dois médicos de meia-idade que eram ambos pais e duas jovens mulheres, nenhuma das quais era mãe. Os homens começaram a discussão considerando meticulosamente se era importante para os pais estarem presentes. Um deles, que tinha vários filhos e também havia feito trabalhos obstetrícios, confessou que ele não podia lembrar-se especificamente se havia estado presente no nascimento de seu primeiro filho. As duas jovens mulheres ficaram visivelmente chocadas com isso e embarcaram em uma longa discussão sobre escolher um parceiro e convencê-lo da necessidade de se estar lá na hora do nascimento. Eu não achava que elas teriam argumentado tão fortemente se os dois homens não estivessem lá afirmando serem especialistas em uma área na qual elas, como mulheres, podem ter sentido que tinham a prerrogativa. Curiosamente, eu estava falando sobre isso como um exemplo em uma oficina subsequente quando uma das participantes revelou que ela era, na verdade, uma das participantes em questão e concordou que havia se sentido incomodada pelos comentários dos homens. Ainda que, no curso dessa segunda oficina, ela houvesse participado da discussão sobre o mesmo tópico (nessa ocasião moderada por um outro participante da oficina), o argumento sobre a importância de se selecionar parceiros com base em suas disposições a estarem envolvidos no parto estava notavelmente ausente na transcrição resultante.

grupal, podem engajar-se na discussão, assumindo o papel informal de "co-moderadores" e mesmo "coanalistas". Isso certamente ocorreu no estudo relatado a seguir (ver Quadro 10.3), no qual os participantes se animaram e propuseram questões úteis uns para os outros. Eles também, algumas vezes, começaram a formular explicações para suas próprias respostas, assim como as dos outros, e começaram a especular junto com os pesquisadores e a "teorizar" sobre o que estava acontecendo. Ainda que alguns participantes – como foi o caso do grupo focal discutido no Capítulo 8 – reconheçam que eles precisariam repensar o uso do termo *paki* se isso causasse ofensa, outros aludiram que poderiam se ofender – ou sentirem-se rejeitados – se o que eles viam como um termo amigável não fosse aceito da forma pretendida. Portanto, os grupos focais revelaram as gradações das visões das pessoas e quão longe eles estavam preparados para ir ao defendê-las (ver Quadro 10.3). Também no contexto desse mesmo estudo, os participantes de vários grupos tornaram-se bastante entusiasmados pela tarefa que eles mesmos se deram de questionar ou "problematizar" termos populares, salientando a capacidade dos grupos focais de encorajarem pessoas a olharem suas próprias perspectivas e comportamentos por lentes ligeiramente diferentes, mais analíticas (ver Quadro 10.4).

> **QUADRO 10.3 PARTICIPANTES DE GRUPOS FOCAIS COMO "COANALISTAS"**
>
> Os participantes "brancos nativos" dos grupos focais realizados sobre eles, durante a pesquisa sobre as denúncias de incidentes racistas aludiram à habitual prática escocesa de adicionar "ie" a uma palavra para torná-la diminutiva, como em "chippie" ("chip shop", uma lanchonete), "bookie" ("bookmakers", fabricantes de livros), ou "offie" ("off licence", de licença). Isso é particularmente observável a respeito do uso de diminutivos para nomear pessoas, como Jenny explicou:
> Ao dizer isso, a cultura da costa oeste sempre abrevia tudo e coloca "ie" no final – Jimmy; Hugh – não, é Hughie; William – Willy. "Pakistani" é um tanto longo demais, então fica abreviado como "paki". (Grupo de profissionais formado por mulheres brancas "Nativas")
> Com poucas exceções, os grupos focais de participantes brancos indicaram que isso era algo que eles viam com certa sentimentalidade, e vários defenderam que estender tal uso a uma minoria étnica significava aceitação. Além disso, alguns dos participantes, como as mulheres citadas acima, argumentaram que elas usavam o termo *paki* como uma abreviação para designar propriedades outras que a raça, o que ilustra o modo pelo qual esse uso se emaranhou no jeito popular de falar ao ponto de ser muito difícil isolar seus significados precisos. Ellen seguiu fornecendo esclarecimento:
> Uma "loja *paki*" é uma loja que abre muito cedo e fecha muito tarde. É a sua loja local que faz isso. Tenho uma loja perto da minha casa que é chamada de "*paki* branca" porque é de pessoas brancas. (...)Ela está aberta nas horas mais absurdas e é um carinha branco atrás do balcão. (Grupo de profissionais fomado por mulheres brancas "nativas").

> **QUADRO 10.4 PARTICIPANTES DE UM GRUPO FOCAL "PROBLEMATIZANDO" TERMOS/CONCEITOS POPULARES**
>
> Curiosamente, a discussão em um dos grupos asiáticos reconheceu a influência constituinte da educação cultural escocesa e demonstrou simpatia à perspectiva de que as pessoas podem usar a palavra sem pensar. Um dos participantes do sexo masculino comentou:
> É por causa da cultura em que eles cresceram... veja, a família nos chama de "pakis". Então eles pegam isso de seus pais – e, obviamente, há pressão dos pares e dos grupos de pares, então esse é o tipo de ambiente cultural que solidifica essas frases. Ao mesmo tempo, eles podem não ser realmente racistas nesse sentido, mas se torna um tipo de termo normalizado. Eles realmente não se dão conta de que é, sabe, racista. (Homens – grupo focal com representantes de organizações asiáticas)

☑ ACEITAÇÃO DA COMPLEXIDADE

Como enfatizado previamente, a análise dos dados do grupo focal nunca é algo simples e claro. Em vez de se intimidar com a complexidade, *insights* analíticos valiosos podem ser obtidos a partir do engajamento com ela e da exploração dessas áreas que são passíveis de múltiplas interpretações. No contexto do estudo acima, as complexidades envolvidas são colocadas em intenso foco com a revelação de alguns participantes asiáticos que informaram que eles mesmos usavam a palavra "paki". Isso ocasionou um debate intenso; claramente, ainda que isso possa ser aceitável para alguns asiáticos, é visto com maus olhos por outros. O grupo afro-caribenho proporcionou um debate paralelo e sugeriu que, enquanto para alguns o fator definidor é a intenção atribuída por trás do uso do termo, para outros o uso do termo nunca é permissível (ver Quadro 10.5).

Não só houve variações marcantes entre os grupos, como também diferenças marcantes de visões dentro dos grupos compartilhando o *status* de minoria étnica, da mesma forma que houve entre os grupos de brancos "nativos". Ainda que algumas pessoas, como a mulher citada acima, tenham sido inequívocas, outros sugeriram que o significado é contingente à situação e acharam difícil fornecer delineações claras. Isso pode depender do contexto interacional em que esses incidentes ocorrem (ver Quadro 10.6).

QUADRO 10.5 EXPLORAÇÃO DA COMPLEXIDADE: EXEMPLO A

Ben: Depende do jeito que é dito, sabe – como, alguém poderia me chamar de "preto", sabe, mas se fosse outro cara negro dizendo isso para outro, é apenas considerado uma figura de linguagem. Eu não acharia isso ofensivo se fosse outro cara negro, mas depende. Se fosse um cara branco que dissesse isso para mim – depende de como é dito.
Eugenie: Não, eu acharia ofensivo, negro ou branco – definitivamente.
(Grupo focal afro-caribenho)

QUADRO 10.6 EXPLORAÇÃO DA COMPLEXIDADE: EXEMPLO B

Quero dizer, eu já tive tantas pessoas chegando em mim e perguntando todo o tipo de perguntas doidas. Algumas vezes de um jeito sarcástico, mas, sabe, eu apenas pensei, "talvez eles estejam apenas questionando"... Acho, às vezes, que nós, como asiáticos, ficamos um pouco nervosinhos, sabe, "É porque eu sou negro" e "É porque eu sou asiático", e abuso verbal, assédio, o drama constante...
(Grupo focal de jovens mulheres asiáticas)

Considerando todos os dados que os grupos focais geraram para esse projeto conjunto, pareceria que, para alguns participantes brancos dos grupos focais, as discussões dos grupos proporcionaram um fórum onde eles começaram a explorar as implicações de alguns de seus comportamentos naturalizados para aqueles do outro lado da história. Entretanto, para alguns dos participantes pertencentes a "minorias étnicas" as sessões permitiram que eles refletissem sobre a potencial lacuna entre a intenção do falante e o jeito com que eles mesmos interpretavam os comentários. Assim, os dois grandes agrupamentos poderiam ser vistos como convergindo a um ponto, ainda que partindo de lugares bem diferentes.

☑ SIMILARIDADES ENTRE OS GRUPOS: QUESTIONAMENTO DAS SURPRESAS

As similaridades entre os grupos podem ser tão esclarecedoras quanto as diferenças, e pode-se obter vantagens analíticas prestando bastante atenção a isso e considerando as implicações para o esquema explanatório que está sendo construído como produto da pesquisa. As similaridades – particularmente quando os grupos focais foram convocados com o propósito direto de salientar as diferenças – podem vir como uma surpresa, mas é importante questionarmos os resultados da mesma forma minuciosa. O excerto a seguir vem de um grupo focal com jovens homens brancos (ver Quadro 10.7). Entretanto, já que esse ponto não foi mais desenvolvido, essa referência poderia ter sido perdida, se a equipe de pesquisa não estivesse alerta para o tema e se o processo de análise tivesse sido menos sistemático. Isso salienta a importância de se continuar a questionar os dados metodicamente, sem desconsiderar importantes similaridades que podem se provar *insights* valiosos.

☑ OS SILÊNCIOS

Aquilo que não é dito pode ser tão importante quanto o que é dito durante as discussões de grupo focal e, na verdade, em todas as situações de pesquisa qualitativa. Poland e Pedersen (1998) delineiam os múltiplos significados que os silêncios podem ter. Abordagens realistas à produção de dados veriam os silêncios como um problema (Collins, 1998) a ser lidado com uma moderação mais sensível. É claro, alguns silêncios podem ser o produto do pesquisador cortando a discussão ou se omitindo de fazer perguntas essenciais. Não somente pode o pesquisador ser responsabilizado: a culpa também pode ser repartida com o participante, e Poland e Pedersen (1998, p. 301) destacam o geralmente implícito pressuposto de que alguns pesquisadores qualitativos têm do que constitui um "bom" respondente.

QUADRO 10.7 RECONHECIMENTO DO POTENCIAL DAS SIMILARIDADES ESCLARECEDORAS

Mod: Então, esse é um incidente racista envolvendo a polícia – e quanto aos que não envolvem a polícia?

Dave: Se houver uma briga entre uma pessoa negra e uma pessoa branca, como você pode dizer se é um incidente relacionado à raça ou se é um desacordo genuíno? Só estou dizendo...

Stuart: Geralmente as pessoas, por exemplo, apenas veem o vermelho e atacam. Só porque a pessoa tem outra cor – poderia ser duas pessoas brancas, ou dois negros. Exatamente pela mesma razão – apenas um era branco, um era negro.

Roddie: (Reconta como a comunidade local assinou uma petição para apoiar um lojista asiático ameaçado de fechamento.) Isso mostrou a eles que não estavam sozinhos.

Mod: Mmm...

Roddie: Veja, se você brigasse e fossem dois, digamos – eu detesto dizer "branco" – dois caras brancos e estão gritando e xingando um ao outro e brigando, mas, se eles fossem um negro e um branco, brigando um com o outro, e você se enfurecesse, sua inteligência desliga, essa parte toma conta, e você simplesmente diz a primeira coisa que vem à cabeça – e, se o cara é negro, você vai chamar ele de negro alguma coisa.

Dave: Mmm...

Roddie: Então, se novamente isso se torna uma coisa racialmente motivada, apenas porque você desligou a parte pensante do seu cérebro por um segundo, e...

Dave: ...e você apenas pensa em algo com o que insultá-los...

Roddie: Sim.

Dave: Se eles não fossem negros, você encontraria alguma coisa – eles usam óculos...

Roddie: Ou, se eles são mais nanicos do que você – "tampinha".

Dave: Isso, eles são uns "tampinhas", ou, é de volta a, em...

(Grupo focal de jovens homens brancos "nativos")

A propensão dos jovens para "problemas" na forma de discussões e de se meter em brigas também foi reconhecida na maior parte dos grupos focais com policiais. Também houve uma referência breve a isso feita durante a discussão no grupo de jovens homens asiáticos:

(Aqui o grupo está falando sobre o que eles acham que caracteriza um incidente racista.)

Harpreet: Quando você diz algo primeiro e então você recebe de volta... Quando alguém diz algo e você devolve – os dois estão igualmente errados. Mas, quando não há necessidade alguma disso, aí é racista.

(Grupo de homens asiáticos jovens)

Os silêncios que têm potencial analítico, contudo, são aqueles que não podem ser imediatamente atribuídos a falhas da parte do pesquisador – ou dos participantes da pesquisa. Como Poland e Pedersen (1998) argumentaram, esses são recursos valiosos na análise, já que tanto o que eles chamam de "silêncios de estranhamento" (quando as questões não têm relevância para os participantes) quanto os "silêncios de familiaridade" (quando as questões não são explicitamente mencionadas, já que sua importância é naturalizada) servem para destacar temas significativos que de outra forma podem passar sem serem notados. O moderador atento e sensibilizado pela teoria pode se dar conta desses silêncios durante uma discussão de grupo focal e pode ser capaz de se aproveitar dessa oportunidade para trazer a questão novamente ao final do grupo, usando um comentário introdutório como, "outros grupos falaram sobre X, mas isso é algo que vocês não mencionaram...".

CONTEXTOS PESSOAIS E PROFISSIONAIS COMO RECURSOS

O que geralmente alerta o pesquisador tanto para ênfases quanto para ausências nos dados é a disjunção entre suas próprias ideias e aquelas representadas nos dados. Burman e colaboradores (2001, p. 451) refletem: "Tal como mulheres que um dia foram meninas, nos movemos entre sermos pesquisadores/ observadores/ ouvintes e sermos participantes, já que aspectos das experiências das meninas ressoaram como as nossas próprias". Burman e colaboradores (2001) também aludem aos *insights* proporcionados pelas diferentes respostas e interpretações dos membros da equipe de pesquisa. Hall e Callery (2001) também salientaram o valor da reflexividade como um recurso na análise, e Barry e colaboradores (1999) descrevem como sua equipe de pesquisa usou uma discussão sobre seus próprios posicionamentos valorativos e experiências para vantagem no esclarecimento dos dados, por meio do processo do desenvolvimento de uma codificação provisória de categorias para produzir uma análise e tomar decisões sobre como apresentar seus achados. A equipe pode então ser um recurso valioso na análise. Meu próprio papel como cientista social trabalhando junto com quatro clínicos gerais (CGs) em um projeto de exploração das visões e experiências dos CGs com atestagem de doenças proporcionou uma vantagem similar. Em um dos encontros do projeto em que debatemos nossos códigos de categorias e revisamos nossa tabela de códigos, notamos que havia muitas instâncias de CGs lamentando o fato de eles estarem com frequência em piores condições físicas do que os pacientes que vinham pedindo atestados de doença. Enquanto os CGs na equipe compartilharam a indignação de seus colegas, vi isso como "dados". Subsequentemente decidimos incluir uma declaração como essa em nossa segunda rodada de grupos focais para explorar mais a fundo essa ideia.

É evidente, a partir dos exemplos fornecidos aqui, que o processo iterativo da análise de dados qualitativos consome bastante tempo e é intelectualmente demandante, em particular quando se quer transcender o puramente descritivo e elaborar uma produção mais analítica. Como argumentado anteriormente, a chave desse processo está na amostragem embasada na teoria, na moderação sensibilizada pela teoria e na atenção dada aos processos grupais acontecendo durante as discussões. Uma abordagem analítica se apoia no "método de comparação constante", que envolve, como o nome sugere, constantemente comparar e contrastar os comentários dos participantes, procurando – e buscando explicar – as diferenças entre indivíduos e grupos; distinções que indivíduos ou grupos podem fazer; e justificativas e argumentos sustentados.

☑ PONTOS-CHAVE

Um dos principais desafios envolvidos na análise dos dados dos grupos focais é a da reflexão e o do uso da interação entre os participantes, levando em conta as dinâmicas do grupo. Dados de grupos focais são inerentemente complexos, com discussões muitas vezes ocorrendo em mais de um nível e servindo a múltiplas funções para os vários participantes envolvidos na coconstrução de uma resposta. Ao agirem como fóruns pelos quais os indivíduos "mergulham" em uma questão específica ou conjunto de problemas, os grupos focais podem ajudá-los a formular potenciais soluções. Mesmo quando esse não é o principal propósito de se fazer sessões de grupo focal, isso ilustra uma outra forma em que o "todo" das discussões de grupo focal pode ser "maior que a soma das partes". Essencial para a análise sistemática é a identificação das padronizações nos dados (por meio do emprego de algum tipo de contagem) e então a busca para formular explicações para esses padrões e, na verdade, para a falta de padrões específicos em alguns casos. Isso frequentemente envolve o pesquisador na interrogação da relação entre outros códigos e outros excertos codificados, durante o refinamento da análise e, particularmente, enquanto as exceções são identificadas e os *insights* que elas proporcionam são explorados.

Sugestões de como garantir rigor e maximizar o potencial analítico de seus dados incluem o seguinte:

- Tenha cuidado para não tomar os excertos fora de contexto. Observe de onde eles surgem na discussão, que outros comentários podem tê-los provocado e considere para que finalidade o falante está usando essa expressão; por exemplo, proporcionar um ambiente de apoio aos outros, afirmar o pertencimento a um grupo específico ou enfatizar sua separação dos outros.

- Preste atenção ao que está acontecendo (em termos de dinâmicas de grupo e do produto final/objetivo) durante as discussões de grupo focal. O grupo está produzindo uma consideração colaborativa, uma solução ou caminho potencial, algum participante está sendo encorajado pelos outros a reformular suas visões ou experiências ou os participantes estão individualmente revendo suas próprias ideias?
- Ainda que o grupo seja a principal unidade de análise, você também deve prestar atenção às vozes individuais. Enquanto os grupos focais podem enfatizar exageradamente o consenso, o foco em membros individuais pode questionar consensos aparentes, ao salientar quaisquer vozes discordantes.
- Permaneça aberto a outras explicações para padrões identificados. Diferenças entre grupos talvez possam ser explicadas em relação às características compartilhadas que embasaram suas decisões de amostragem. Entretanto, grupos focais são fontes complexas de interação, e outros fatores provavelmente desempenham um papel, inclusive as dinâmicas de grupo, a contribuição de participantes individuais e diferenças imprevistas entre indivíduos (em termos de características ou de perspectivas).
- Algumas vezes as similaridades inesperadas entre os grupos podem ser tão esclarecedoras quanto diferenças.
- A chave para a identificação de padrões em seus dados é usar algum tipo de contagem. Grades podem ser úteis, mas apenas até onde você usar os resultados como base para especular sobre as razões para tais padrões e começar a teorizar.
- Os silêncios podem ser igualmente esclarecedores, dado que você possa demonstrar que eles não surgem como o resultado do moderador intervindo para cortar a discussão ou falhando em questionar questões específicas.
- Use reflexivamente suas próprias reações a excertos das discussões de grupo focal. Contextos pessoais, assim como os disciplinares, impactam em como interpretamos os dados, e a equipe pode ser um recurso valioso na análise.

LEITURAS COMPLEMENTARES

Os seguintes trabalhos podem oferecer uma orientação mais profunda na análise avançada de grupos focais:

Frankland, J. and Bloor, M. (1999) 'Some issues arising in the systematic analysis of focus group materials', in R.S. Barbour and J. Kitzinger (eds), *Developing Focus Group Research: Politics, Theory and Practice*. London: Sage, pp. 144-55.

Gibbs, G.R. (2007) *Analyzing Qualitative Data* (Book 6 of *The SAGE Qualitative Research Kit*). London: Sage. Publicado pela Artmed Editora sob o título *Análise de dados qualitativos*.

Matoesian, G.M. and Coldren, J.R. (2002) 'Language and bodily conduct in focus group evaluations of legal policy', *Discourse and Society*, 13(4): 469-93.

Poland, B. and Pedersen, A. (1998) 'Reading between the lines: interpreting silences in qualitative research', *Qualitative Inquiry*, 4(2): 293-312.

Ritchie, J. and Spencer, L. (1994) 'Qualitative data analysis for applied policy research', in A. Bryman and R.G. Burgess (eds), A*nalyzing Qualitative Data*. London: Routledge, pp. 173-94.

11

DESENVOLVIMENTO DE GRUPOS FOCAIS

Objetivos do capítulo

Após a leitura deste capítulo, você deverá:

- compreender como fazer em sua análise um uso pleno do que os grupos focais têm a oferecer;
- conhecer os modos de se apresentar e tornar transferíveis os achados de grupos focais;
- saber sobre os últimos desenvolvimentos mais promissores, como o uso de grupos virtuais.

Este capítulo final reflete sobre como os grupos focais podem ser usados plenamente, delineando algumas das limitações dos modos pelos quais eles têm sido usados e enfatizando a importância de um foco comparativo com o objetivo final de aprimorar a sofisticação analítica. Ele defende que é o potencial comparativo que dá aos grupos focais uma vantagem em relação a suas capacidades de produzirem achados "transferíveis". Desafios envolvidos na escrita e na apresentação dos dados dos grupos focais também são examinados, e algumas sugestões são feitas a respeito da antecipação e da abordagem a essas questões. Finalmente, ele revisa criticamente as possibilidades proporcionadas pelas "novas tecnologias" e especula sobre o futuro da pesquisa com grupos focais.

LIMITAÇÕES E POSSIBILIDADES

Uma vez que o pesquisador tenha sistematicamente utilizado o tipo de tabela defendido por Ritchie e Spencer (1994) para identificar padrões nos dados, a tarefa de produzir uma explicação começa. Ainda que muitos pesquisadores afirmem empregar uma "análise por tabelas", há consideravelmente menos evidências que indiquem seus engajamentos na interrogação e na busca de razões para tais padronizações (Barbour, 2003). Ritchie e Spencer reconhecem que pensar indutiva e interpretativamente é uma habilidade muito mais difícil de ser capturada (1994, p. 193), e isso pode ser o motivo pelo qual tantos pesquisadores se constrangem em levar suas análises um passo adiante.

É claro que algumas das intuições que fundamentam as nossas estratégias de amostragem terminam não sendo produtivas para explicar as diferenças entre grupos ou entre indivíduos dentro deles. Retornando ao estudo de Black e Smith (1999), que explorou as respostas de mulheres na Austrália para a morte da Princesa Diana, os pesquisadores explicam que, ainda que houvessem suposto que a idade fosse ser uma dimensão importante, isso acabou não sendo o caso. Felizmente nem tudo está perdido na pesquisa qualitativa se as hipóteses iniciais não forem sustentadas, isto é, se as comparações que fazemos na interrogação dos nossos dados não proporcionarem a padronização, e, portanto, a aquisição analítica pela qual esperávamos. Já que os métodos qualitativos – e os grupos focais em particular – geram dados tão ricos, sempre há outras diferenças, dimensões ou processos que podemos explorar. McEwan e colaboradores (2003) anteciparam que haveria diferenças marcantes nas perspectivas dos adolescentes com epilepsia participando de grupos focais separados divididos entre os de 12-13 anos de idade, os de 14-15 anos, e aqueles de 16 ou mais. No evento, houve similaridades surpreendentes entre os grupos. McEwan e colaboradores especulam que isso pode simplesmente refletir a mudança cultural geral envolvida no aumento do "período de tempo" associado à adolescência e concluem que pode ser proveitoso incluir pessoas acima dos 18 anos em futuras pesquisas sobre esse assunto.

Tendo reconhecido que a idade não pareceu resultar em uma diferença notável nas percepções sobre Diana e sua morte, Black e Smith (1999) foram capazes de comparar as respostas e os sentimentos das mulheres em um *continuum* que ia desde o muito positivo, passando pelo neutro e chegando até o muito negativo. Eles questionaram seus dados em referência aos discursos públicos e representações de Diana, os quais estavam em evidência durante o período de realização do estudo. Apesar do pequeno número de sessões de grupos focais envolvidas, suas análises atingiram um grau considerável de sofisticação teórica. Eles relataram que enquanto se detinham nas próprias vidas e experiências dos indivíduos, as mulheres nos grupos proporcionaram seus próprios comentários reflexivos, os quais tinham como referência a tarefa principal desempenhada nos grupos, ou seja, a de compreender os sentimentos desviantes em uma atmosfera de luto público, demonstrado mais fortemente nas imagens da mídia. Eles explicam (1999, p. 276):

> As mulheres que falaram nos grupos não identificavam Diana como um mártir feminista enfrentando um marido frio, sua imagem corporal e as pressões de equilibrar o trabalho e a família para representar as causas das mulheres. Em vez disso, elas viam-na como uma pessoa admirável que tentou trazer amor para seus filhos e cuja vida havia acabado em circunstâncias trágicas. A identificação, se alguma, foi conservadora, maternal e ontológica, em vez de radical e política.

Mesmo, portanto, quando os dados não nos permitem contar a história que foi prevista, sua riqueza permite amplas possibilidades de interrogações analíticas. Não existe desculpa para se refugiar no delineamento dos temas de uma forma descritiva. Crossley (2002, p. 1471) proporciona um comentário a respeito de sua própria movimentação de afastamento do uso dos dados dos grupos focais para ilustrar temas gerais identificados na pesquisa e de sua adoção de uma abordagem que permitiu a ela "capturar alguns dos processos de interação social e de negociação moral mais importantes ocorrendo durante o curso dos grupos focais".

APRESENTAÇÃO DOS ACHADOS DOS GRUPOS FOCAIS

Wilkinson (1998), que revisou estudos com grupos focais publicados entre 1946 e 1996, relatou que os dados eram mais frequentemente apresentados como se fossem advindos de entrevistas individuais "com interações entre os participantes do grupo raramente [sendo] relatadas, o que dirá analisadas" (Wilkinson, 1998, p. 202). Isso provavelmente reflete os pressupostos realistas que muitas vezes embasam o uso de entrevistas individuais (Billig, 1987; Potter e Wetherell, 1987), a partir dos quais as entrevistas (e, de fato, também os grupos focais) são vistas como oportunidades para "agarrar dados" (Collins, 1998, p. 1).

É claro que o estrito limite de palavras de algumas revistas representam um desafio e tanto para a apresentação dos achados de grupos focais, e pode haver a tentação de se abreviar excertos, ou de concentrar-se em achar exemplos de comentários "individuais" que possam ser vistos como refletindo discussões estabelecidas em outra parte pelo grupo como um todo. Enquanto isso pode ajudar a diminuir a quantidade de palavras, pode ter o efeito indesejado de tirar os comentários dos seus contextos e pode levar o leitor a se perguntar por que os grupos focais foram empregados.

Inevitavelmente, existe uma tensão entre publicar os achados em revistas acadêmicas (que podem permitir um espaço para desenvolver argumentos e apresentar e discutir excertos extensos de dados) e publicar em revistas que provavelmente serão lidas por profissionais de saúde. Então, pode ser o caso de se produzir exatamente o tipo de artigo "resumido" – talvez para uma publicação que é lida por profissionais – apesar de o pesquisador acadêmico poder achar que isso não faz jus à sofisticação conceitual de seu trabalho. De qualquer forma, Crossley (2002, 2003) usou as diferentes possibilidades oferecidas por duas revistas em seu benefício, apresentando seu trabalho de formas diferentes. Ela usou seu artigo na *Social Science and Medicine* para explorar os *insights* teóricos oferecidos pelos dados de um dos grupos focais e usou seu artigo publicado no *Journal of Health Psychology* para comparar os achados de seus grupos focais de modo a esclarecer ideias sobre saúde como um fenômeno moral.

Ainda que haja, inevitavelmente, alguns que ainda considerem todas as pesquisas qualitativas como não confiáveis e circunstanciais, os achados dos grupos focais podem ser bastante persuasivos. Macnaghten e Myers (2004, p. 77) refletem que "a reivindicação de ter algo novo a dizer se baseia, ao menos em parte, na sensação de autenticidade trazida pelas palavras coloquiais na página e o contraste com o registro dos argumentos acadêmicos presentes ao redor". O poder dos dados dos grupos focais é parcialmente uma função do seu apelo imediato e parcialmente o resultado dos dispositivos retóricos empregados pelos autores (Seale, 1999). O comentário de Macnaghten e Myers serve para nos lembrar das implicações de preservar a falta de articulação dos participantes de nossos grupos focais, enquanto engendramos um maior refinamento de nossas argumentações teóricas mediante o uso de diversos rascunhos (Barbour, 1998b). Mais uma vez, não há respostas prontas, mas deveríamos talvez questionar se existe algum valor inerente em se recusar a polir os comentários dos participantes, quando nossa intenção é apresentá-los sob forma impressa, em contraste com o momento em que analisamos os dados, quando preservar suas palavras originais é sem dúvida mais importante.

A TRANSFERIBILIDADE DOS ACHADOS DOS GRUPOS FOCAIS A OUTRAS SITUAÇÕES SEMELHANTES

A outra vantagem de se pensar cuidadosamente sobre a amostragem para facilitar a comparação é que isso permite uma oportunidade de contextualizar nossos achados da pesquisa. Como discutido no Capítulo 2, os grupos focais são ótimos para a exploração de questões "por que não...?". Contudo, também foi defendido que podemos encontrar problemas se nossa pesquisa olhar apenas para aqueles que, por exemplo, falham em aproveitar oportunidades evidentes, portanto resultando numa amostragem por déficit (MacDougall e Fudge, 2001).

Usar o potencial comparativo das bases de dados, entretanto, também pode contribuir em termos de tornar transferíveis os achados produzidos por pesquisas com grupos focais. Mesmo durante o estágio de planejamento, há evidências de uma sofisticação teórica considerável no estudo realizado por Curtis e colaboradores (2002), o qual analisava as perspectivas dos pacientes sobre os cuidados de fim de vida realizados por médicos e que antecipava a questão da transferibilidade ao comparar pacientes com doença pulmonar obstrutiva crônica (DPOC), câncer e AIDS. Faríamos bem se tivéssemos em mente o potencial dos grupos focais para contextualizar nossa pesquisa dessa forma.

Os grupos focais podem proporcionar uma maneira particularmente econômica de se atingir esse objetivo ambicioso. Dado que tenhamos feito uma leitura suficientemente ampla sobre o tópico para ter alguma ideia dos outros contextos aos quais nossas explicações emergentes e paradigmas teóricos possam ser transferíveis, dificilmente é preciso convocar mais de dois ou três grupos focais adicionais para testar nossas hipóteses. É claro que isso pode exigir novas avaliações éticas e práticas, mas certamente proporciona possibilidades excitantes. Com a simples convocação de novos grupos, que podem ser compostos de diferentes combinações de indivíduos, podemos ir razoavelmente longe na direção de dar conta dessas desafiadoras questões a respeito da transferibilidade. Aqui está o potencial único dos grupos focais – a sua capacidade de permitir ao pesquisador que retorne ao campo da maneira consagrada defendida por Glaser e Strauss (1967), mas sem adicionar tempo ou custos significativos ao projeto. É a esse respeito – e a esse respeito apenas – que os grupos focais oferecem economias genuínas. Não estou defendendo a convocação de grupos adicionais "do nada", como uma leitura do termo "grupo coringa" (Kitzinger e Barbour, 1999) poderia sugerir. Certamente uma abordagem como essa levantaria questões éticas e pode até necessitar de uma renegociação da autorização ética dada pelos comitês pertinentes. Eu estou recomendando, em vez disso, que o pesquisador considere a possibilidade de recrutar para grupos focais adicionais indivíduos que poderiam legitimamente ter sido incluídos nos grupos originais, mas trazê-los juntos em uma combinação diferente, agrupá-los conforme diferentes características. Apenas os grupos seriam diferentes, não as pessoas envolvidas.

◼ O POTENCIAL PARA NOVOS DESENVOLVIMENTOS

É quase de rigor terminar fazendo apontamentos para pesquisas posteriores. Contudo, não pode haver formas certas ou erradas definitivas de se projetar uma pesquisa com grupos focais: as escolhas sempre dependerão da questão de pesquisa, do tipo de dados visados, do paradigma teórico, das habilidades e dos pressupostos epistemológicos que o pesquisador emprega no tópico, da ambientação na qual a pesquisa está sendo realizada, da disponibilidade e características demográficas dos participantes em potencial, do financiamento disponível e do prazo a pesquisa. Como o empreendimento da pesquisa qualitativa em si, a resposta está em aprender a partir de outras pesquisas e considerar cuidadosamente, à luz das experiências dos outros e de sua própria experiência passada, as possibilidades existentes em relação a convocar e a executar grupos focais em qualquer projeto de pesquisa.

Existem, entretanto, alguns desenvolvimentos recentes particularmente promissores relacionados ao uso de grupos focais para avançar nosso entendimento de identidades coletivas e destrinchar o paradigma teórico analiticamente rico que é o *habitus*. Enquanto o meu entusiasmo a respeito desses trabalhos – realizados por, respectivamente, Munday (2006) e Callaghan (2005) – sem dúvidas reflete os meus próprios aprendizados teóricos e disciplinares, esses realmente me parecem ser trabalhos com um enorme potencial para futuros desenvolvimentos dos grupos focais como um método e da análise de dados de grupos focais como uma prática rigorosa e teoricamente embasada.

◼ GRUPOS FOCAIS "VIRTUAIS" – O FUTURO?

Tem havido um interessante debate a respeito do potencial proporcionado por grupos focais "virtuais". Nesses grupos, os participantes não se encontram realmente, mas são reunidos por telefone, vídeoconferência, ou da convocação de grupos *on-line* e ainda pela utilização de materiais produzidos naturalmente que estão disponíveis em sites de discussão na *web*. Bloor e colaboradores (2001) salientam o imediatismo e o colapso da distância espacial proporcionados pela Internet. Grupos de foco *on-line* são particularmente úteis ao se pesquisar populações remotas (Underhill e Olmsted, 2003), e Kenny (2005) julgou a conferência via telefone muito valiosa para entrar em contato com uma população de enfermeiras australianas geograficamente espalhadas. Já usei conferências telefônicas para acessar membros seniores de grupos profissionais que se encontravam geograficamente dispersos. Um aspecto interessante desse último uso foi que os indivíduos tinham menos chances de dominarem a discussão do que nos grupos presenciais, talvez porque, na ausência de contato visual, eles não poderiam se basear em significantes de *status* e linguagem corporal para marcar suas reivindicações de tratamento preferencial quanto ao tempo de fala. Conferências por telefone também têm sido usadas com sucesso para discutir tópicos delicados, como as experiências de famílias envolvidas com doações de órgãos (Regan, 2003). Entretanto, Regan aconselha que seja reservado um tempo adicional para a preparação de um ambiente virtual que seja favorável a uma discussão de assuntos delicados. Em particular, os participantes podem estar preocupados com a anonimidade, que também é uma questão levantada por Bloor e colaboradores (2001) e Stewart e Williams (2005), que discutem as implicações de se usar fóruns da *web* que requerem que os participantes completem um processo de registro.

Outras dicas práticas relacionadas a grupos mediados por computador são fornecidas por O'Connor e Madge (2003), que descrevem a técnica de conferência por *software* que desenvolveram, e Sweet (2001), que discute os obstáculos técnicos e como superá-los. Apesar dos desafios adicionais dessas abordagens, vale a pena considerá-las em certas situações. Particularmente, elas podem oferecer economias em termos de recrutamento, custos de viagem e transcrição (já que discussões *on-line* já vêm transcritas). Também podem ser usadas simplesmente para elaborar um conjunto amostral para uma pesquisa qualitativa mais convencional (Williams, 2003). Discussões *on-line* também podem dispensar alguns problemas envolvidos com a combinação do moderador com o grupo, já que o gênero (Campbell et al., 2001) e a idade do moderador não precisam ser explicitados e, portanto, exercem um impacto nos dados gerados (ainda que, é claro, os participantes façam suas próprias suposições, talvez com base na linguagem usada e no estilo das respostas). Todavia, também há desvantagens e sua importância relativa precisa ser pesada no contexto do projeto de pesquisa específico em questão, e seus objetivo e foco.

Comparando as vantagens de grupos focais presenciais com grupos *on-line*, Campbell e colaboradores (2001, p. 101) concluíram:

> O formato presencial fez com que alguns participantes se restringissem de discutir algumas informações que julgaram pessoais demais ou potencialmente embaraçosas. (...) A necessidade de digitar, contudo, pode ter levado algumas pessoas a abreviar ou omitir comentários que teriam aparecido em uma discussão presenciais.

Quando os pesquisadores se fiam em salas de bate-papo para "coletar" materiais de discussões preexistentes para propósitos de pesquisa, eles perdem o controle sobre a quantidade de informações pessoais e situacionais que podem coletar para contextualizar as respostas (Bloor et al., 2001, p. 78). A "coleta" de dados *on-line* também levanta importantes considerações éticas (Robson e Robson, 1999). Stewart e Williams (2005) salientam as complicações a respeito do armazenamento dos dados e da anonimidade, já que os dados originais estão automaticamente disponíveis para todos os participantes. Isso significa que, ao menos em teoria, os indivíduos podem ser identificados pelos outros por meio de um processo dedutivo de descoberta.

Campbell e colaboradores (2001) e Underhill e Olmsted (2003) acharam que as discussões *on-line* e os grupos presenciais produzem quantidades semelhantes de dados e que havia uma grande similaridade em termos dos temas identificados. Schneider e colaboradores (2002) também compararam grupos focais *on-line* e discussões presenciais, no contexto de eliciar as visões sobre um número de *websites* relacionados à saúde. Eles relataram que as contribuições *on-line* foram mais curtas e que a participação era mais uniforme. Eles concluem que os grupos focais *on-line* e os grupos presenciais podem desempenhar papéis diferentes, dependendo da natureza da questão de pesquisa e do grau no qual participações iguais, porém sucintas, são consideradas importantes se comparadas a engajamentos mais extensos, ainda que desiguais.

Campbell e colaboradores (2001) realizaram grupos focais *on-line* e presenciais para explorar as perspectivas sobre risco e câncer de cólon. Os participantes presenciais foram recrutados entre aqueles que foram identificados (mas não selecionados) para participar de um estudo quantitativo, e os participantes *on-line* foram recrutados via uma associação nacional de suporte aos que sofrem de câncer de cólon. Contudo, a sua experiência sugere que os pesquisadores precisam considerar cuidadosamente as implicações de se fazer amostragens a partir de formatos mediados por computador. Campbell e colaboradores (2001) relatam que os participantes em seus grupos focais *on-line* tendiam a ser mais jovens, mais bem educados e com rendas mais altas do que aqueles participando dos grupos presenciais. Isso pode ser crucialmente importante dependendo do tópico sob estudo.

Outro fator para ser levado em consideração ao decidir entre usar discussões presenciais ou mediadas pela *web* é a relativa importância dentro do projeto em questão daquilo que ocorre naturalmente, em oposição aos dados que foram facilitados pelo pesquisador. Refletindo sobre sua experiência com o uso de grupos mediados por computador para estudar as visões de professores universitários a respeito do uso de tecnologias na sala de aula,

Franklin e Lowery (2001) reconhecem que uma importante desvantagem do formato *on-line* foi que ele reduzia a habilidade do moderador de guiar a discussão e requisitar elaborações. Isso pode exigir habilidades de moderação mais aprimoradas (Stewart e Williams, 2005). Bloor e colaboradores (2001), entretanto, apontam que discussões dessincronizadas se desenrolando através do tempo – em oposição às trocas "em tempo real", que podem ser velozes e dinâmicas – são muito mais fáceis de moderar, ainda que não ofereçam o mesmo imediatismo.

Assim como as outras escolhas e decisões debatidas aqui, não há uma resposta definitiva. Bloor e colaboradores (2001, p. 75) proporcionam o resumo calculado do potencial dos grupos focais virtuais.

> Os grupos focais virtuais não são o futuro da pesquisa com grupos focais. ... Entretanto, os grupos focais virtuais realmente oferecem um seguimento útil à tradição dos grupos focais, e uma válida nova ferramenta para o pesquisador social.

COMENTÁRIOS FINAIS

Os grupos focais, se usados apropriada e criativamente, realmente podem "atingir os pontos que os outros métodos não podem" (Kitzinger, 1995). Para otimizar a sua contribuição, contudo, é crucial que o pesquisador considere cuidadosamente os fundamentos filosóficos e epistemológicos dos grupos focais como um método qualitativo. Além de desencorajar o abuso dos grupos focais – por exemplo, como um "atalho" para dados do tipo visado pelos levantamentos – isso protege contra o desenvolvimento de expectativas irrealistas que de outro modo só seriam desapontadas. Isso também poupa potencialmente ao pesquisador muitas horas de agonia com desafios e limitações percebidas, mas permite, em vez disso, que aspectos como o envolvimento ativo do pesquisador na geração de dados, dinâmicas de grupo ou as perspectivas constantemente evolventes sejam reconhecidas como os recursos que são, e não como problemas a serem superados. Os grupos focais podem ser usados para desenvolver achados analiticamente sofisticados, mas somente se o seu potencial comparativo pleno for obtido, por meio de uma amostragem ponderada. O método de comparação constante, com suas contínuas interrogações e revisões de esquemas explanatórios, serve para proteger o pesquisador que emprega grupos focais da tentação de empregar uma abordagem impressionista. Além disso, relatar transparentemente o desenvolvimento das codificações de categorias e a realização das análises deve garantir que essas alegações sejam coisas do passado. Existem, sem dúvida, desafios consideráveis envolvidos no planejamento, na execução e na análise dos dados dos grupos focais, mas as recompensas fazem o esforço valer a pena. Realizar um grupo focal bem-sucedido pode produzir uma verdadeira empolgação enquanto o pesquisador gera materiais realmente fascinantes e começa a envolver-se com isso enquanto é gerado, ainda "cru", antecipando análises e mesmo eliciando a colaboração dos participantes em coproduzir considerações preliminares, mas ainda assim teorizadas.

Não há respostas prontas, mas há um amplo campo para o uso criativo e imaginativo dos grupos focais. Devido à inerente flexibilidade dos grupos focais as possibilidades são quase infinitas. Também é importante não ser meticuloso demais na aplicação dos grupos, e não sucumbir ao conforto e a atratividade de suas próprias "certezas" disciplinares. Métodos de grupo não são reservados apenas à comunidade de pesquisadores, e isso abre interessantes possibilidades de colaboração com profissionais com habilidades de trabalho em grupos um tanto diferentes das nossas (como consultores administrativos ou facilitadores de trabalhos em equipe). Ainda que não sem os seus desafios, esse tipo de trabalho multidisciplinar pode proporcionar dividendos excitantes (Barbour, 1999a). Manter-se aberto a novas abordagens não precisa significar o sacrifício de rigor, como ocasionalmente se teme. Muitas vezes penso que existem paralelos com o gênero da literatura de ficção científica: a pura abertura às possibilidades proporcionada pelos grupos focais e a ficção científica destaca os limites da imaginação do pesquisador e do escritor. Espero que você aceite esse desafio criativa mas rigorosamente, enquanto explora as estimulantes possibilidades apresentadas pelos grupos focais como um método – qualquer que seja sua disciplina, nível de experiência com pesquisa, ou tópico de pesquisa.

PONTOS-CHAVE

Como algumas últimas palavras de orientação, eu ofereço o seguinte:

- Ainda que os dados dos grupos focais possam ser usados descritivamente, essa abordagem contém importantes limitações.
- Busque maximizar o potencial comparativo de seu estudo por meio de uma amostragem fundamentada teoricamente e de extensa interrogação da sua base de dados – não só com a identificação de padrões, mas também com o esforço de elaborar explicações para eles.
- Os grupos focais podem produzir dados bastante abundantes e sempre haverá considerável potencial para comparações, mesmo se isso for de forma diferente do que você havia previsto originalmente ao desenvolver seu quadro amostral.
- Os grupos focais oferecem vantagens únicas em termos de suas capacidades de aprimorar a transferibilidade dos seus achados.

- Não se baseie exclusivamente em citações de indivíduos ao apresentar seus achados. Use alguns excertos que reflitam a interação entre os participantes, especialmente quando as perspectivas envolvidas tiverem sido desenvolvidas colaborativamente ou por meio de argumentos entre os membros do grupo.
- Pense sobre escrever a sua pesquisa para uma variedade de públicos e identifique revistas relevantes. Isso pode envolvê-lo com a publicação em espaços que você normalmente não consideraria.
- Desenvolva uma estratégia de publicação e aproveite o conhecimento de todos os membros da equipe quanto à abrangência de potenciais revistas que servem a diferentes interesses disciplinares.
- Os grupos focais são um método inerentemente flexível, e a única limitação de seu uso é a imaginação do pesquisador.
- Ainda que a "nova tecnologia" ofereça novas possibilidades tentadoras, é importante pesar os prós e os contras e é improvável que elas venham a substituir os grupos focais como temos utilizado-os até agora.
- Finalmente, não há substituto para projetos bem pensados cujos planejamentos de pesquisa permitam que os grupos focais sejam usados em suas máximas potencialidades.

LEITURAS COMPLEMENTARES

Os vários debates atuais e questões abordadas neste capítulo são apresentados com maior detalhe por estes autores:

Callaghan, G. (2005) 'Accessing habitus: relating structure and agency through focus group research', *Sociological Research On-line*, 10(3), http://www.socreson-line.org.uk/10/3/callaghan.html

Macnaghten, P. and Myers, G. (2004) 'Focus groups', in C. Seale, G. Gobo, J.F. Gubrium and D. Silverman (eds), *Qualitative Research Practice*. London: Sage, pp. 65-79.

Munday, J. (2006) 'Identity in focus: the use of focus groups to study the construction of collective identity', *Sociology*, 40(1): 89-105.

Stewart, K. and Williams, M. (2005) 'Researching on-line populations: the use of on-line focus groups for social research', *Qualitative Research*, 5(4): 395-416.

GLOSSÁRIO

Amostragem de segundo estágio Refere-se à ampliação da amostragem em uma escala maior (depois de os grupos focais iniciais já terem ocorrido e as análises preliminares terem sido realizadas) pela convocação de grupos que envolvem ou novos tipos de pessoas ou que simplesmente trazem os mesmos tipos de pessoas juntas em grupos focais combinados de forma diferente.

Amostragem intencional Algumas vezes utilizada intercambiavelmente com "amostragem teórica", a amostragem intencional se refere ao uso de conhecimentos prévios para guiar a seleção de participantes. Isso é feito pela antecipação das características dos respondentes potenciais que tenderão a apresentar diferentes perspectivas e considerações de suas experiências, posteriormente usando isso para informar decisões sobre a quem se aproximar e convidar para participar no projeto de pesquisa.

Amostragem teórica Ver amostragem intencional.

Análise por tabelas Abordagem desenvolvida para auxiliar análises constantes por meio da produção de tabelas (ou quadros) que permitam a identificação sistemática dos padrões nos dados.

Banca de especialistas Grupo visto como detentor de conhecimento especializado (assim definido por um grupo profissional ou pela equipe de pesquisadores). A banca pode se reunir para uma discussão de grupo focal ou estar envolvida como um grupo "virtual", em que os membros compartilham respostas via telefone, e-mail, documentos escritos ou correspondem-se direta e individualmente com o pesquisador.

Base de dados Na pesquisa com grupos focais isso se refere às transcrições, às notas e aos registros escritos gerados por discussões, tal como são organizados segundo temas de acordo com as codificações de categorias (ver a seguir).

Codificação de categorias Tabela ou sistema para organizar o conteúdo de transcrições em temas e subtemas. Pode consistir em uma lista de temas gerais com suas correspondentes subcategorias ou envolver representação em forma diagramática, mostrando relações mais complexas entre temas e códigos de categorias. Essas tabelas podem ser geradas manualmente ou por meio de um *software* de computador desenvolvido para a análise qualitativa de dados.

Construcionismo social Abordagem que vê o fenômeno como sendo ativamente construído, mediado e sustentado através das práticas sociais (incluindo interação).

Desenvolvimento comunitário Abordagem voltada para o trabalho com comunidades carentes (em geral, mas não necessariamente, em países em desenvolvimento) com o objetivo de produzir conhecimento (que permita a identificação de problemas e o desenvolvimento de potenciais soluções) e com o objetivo de melhorar suas condições materiais e/ou sociais.

Discussão de grupo focal Grupo convocado para o propósito de uma pesquisa, tomando-se os dados da discussão entre os participantes.

Entrevista de grupo focal Método em grupo que se baseia em perguntar as mesmas questões (ou série de questões) para cada participante sistematicamente.

Esclarecimentos finais Referem às trocas entre o pesquisador e os participantes do grupo focal depois do término da sessão, podendo consistir em responder às perguntas ou às preocupações dos participantes (como explicar o uso que os dados terão, ou os procedimentos para garantir anonimidade) e a provisão de números apropriados para contato (de pesquisadores, serviços e linhas de ajuda), panfletos relevantes ou materiais informativos especiais.

Estudo-piloto Estudo que serve de teste de questões, guia de tópicos (roteiro) e materiais de estímulo para descobrir se eles tenderão a eliciar o tipo de dados requeridos para o projeto de pesquisa em questão. O procedimento também indica se determinadas linhas de questionamento e terminologia são aceitáveis para os participantes.

Estudos de método misto Referem-se aos estudos que empregam mais de uma abordagem para gerar dados, seja combinando métodos qualitativos e quantitativos, seja usando abordagens qualitativas diferentes (como observação de campo, entrevistas ou grupos focais).

Grupo Delphi Essa abordagem se refere mais, em geral, à combinação com um levantamento, cujos resultados são enviados a uma banca de especialistas (ver acima), que então os discute e toma decisões sobre suas relevâncias.

Grupos coringa Esse termo caracteriza os grupos adicionais convocados para preencher alguma lacuna na cobertura que for identificada enquanto o estudo progride. Isso pode envolver a convocação de grupos com novas categorias de participantes ou simplesmente uma seleção de membros dos grupos segundo novos critérios para os quais o pesquisador passou a estar sensibilizado.

Grupos focais virtuais Podem ser discussões por telefone (que são similares a sessões de grupo presenciais) ou variações usando a *web*, envolvendo tanto respostas sequenciais via discussões de fórum ou trocas em tempo-real entre participantes "ao vivo". Essas abordagens podem ocorrer com o pesquisador convocando grupos e ditando os tópicos e as questões (como em grupos focais mais convencionais), ou podem investir em discussões geradas independentemente, que estão disponíveis, mas não foram pensadas originalmente para propósitos de pesquisa.

Guia de tópicos (roteiro) Conjunto de questões ou direcionamentos gerais que antecipam as áreas a serem cobertas nas discussões dos grupos focais.

Interacionismo simbólico Abordagem de pesquisa associada à Escola de Chicago de sociologia que envolve normalmente a observação de interações ou trocas que ocorrem de maneira natural. Engloba a ideia de que as ações humanas surgem pela construção ativa do significado, mediante discussões com pessoas expressivas.

Materiais de estímulo Materiais preexistentes (como panfletos de promoção de saúde, seleções de jornais, *cartoons* ou clipes de vídeo) ou especialmente projetados que encorajam e ajudam a focar a discussão em torno dos tópicos que a pesquisa pretende abordar.

Método de comparação constante Envolve contrastar e comparar continuada e sistematicamente os comentários feitos em grupos focais separados e por diferentes indivíduos dentro dos grupos. Também está relacionado ao uso de achados de outros estudos para contextualizar seus próprios achados, salientando similaridades e diferenças e buscando explicá-las.

Moderador Pesquisador que coordena um grupo focal, colocando questões aos participantes, esclarecendo com eles significados e quaisquer distinções que estão fazendo no decurso da discussão.

Pesquisa com serviços de saúde Pesquisa que examina criticamente os modos pelos quais os serviços de saúde são organizados, oferecidos ou experienciados pelos usuários.

Intervenções São questões ou itens suplementares que serão usados em acréscimo às questões gerais em um guia de tópicos (ver anteriormente) somente no caso de essas perguntas não surgirem espontaneamente.

Quadro amostral Um esquema para garantir a cobertura/diversidade adequada na seleção dos participantes do grupo focal. Lista combinações das características demográficas ou posicionamentos que provavelmente terão um impacto nas experiências e perspectivas apresentadas. Quadros amostrais podem ser representados em forma de tabelas para possibilitar a verificação do progresso à medida que os grupos são convocados.

Reflexividade Diz respeito ao reconhecimento da influência do pesquisador em ativamente coconstruir a situação que se propõe a estudar. Também alude ao uso que esses *insights* podem ter no entendimento ou na interpretação dos dados.

Técnica do grupo nominal Literalmente significa um grupo "convocado para a pesquisa", em vez de ser um grupo preexistente. O termo é usado com mais frequência para se referir a sessões de grupos que envolvem um exercício de *ranking*, nos quais os participantes geram um conjunto de prioridades e depois as classificam.

Transcrição Texto sobre a interação na discussão de grupo, em geral reproduzido literalmente.

Triangulação Diz respeito às tentativas de comparar os dados obtidos por meio de métodos diferentes, sendo baseada na noção de corroboração ou validação trazida da tradição quantitativa.

Validação pelo respondente Consiste em tentativas (verbais ou escritas) de verificar com aqueles que tomaram parte nos grupos focais a precisão das interpretações e as descobertas produzidas pelos pesquisadores.

REFERÊNCIAS

Agar, M. and MacDonald, J. (1995) 'Focus groups and ethnography', *Human Organization*, 54(1): 78-86.

Alkhawari, F.S., Stimson, G.V. and Warrens, A.N. (2005) 'Attitudes toward transplantation in UK Muslim Indo-Asians in West London', *American Journal of Transplantation*, 5(6): 1326-31.

Allen, L. (2005) 'Managing masculinity: young men's identity work in focus groups', *Qualitative Research*, 5(1): 35-57.

Amos, A., Gray, D., Currie, C. and Elton, R. (1997) 'Healthy or druggie? Self-image, ideal image and smoking behaviour among young people', *Social Science and Medicine*, 45: 847-58.

Anderson, N. (1992) 'Work group innovation: a state of the art review', in D.M. Hoskin and N. Anderson (eds), *Organizational Change and Innovation: Psychological Perspectives and Practice in Europe*. London: Routledge, pp.149-60.

Angrosino, M. (2007) *Ethnographic Research and Participant Observation* (Book 3 of *The SAGE Qualitative Research Kit*). London: Sage. Publicado pela Artmed Editora sob o título *Etnografia e observação participante*.

Appleby, S. (1998) *Alien Invasion! The Complete Guide to Having Children*. London: Bloomsbury.

Appleton, S., Fry, A., Rees, G., Rush, R. and Cull, A. (2000) 'Psychosocial effects on living with an increased risk of breast cancer: an exploratory study using telephone focus groups', *Psycho-Oncology*, 9(6): 511-21.

Armstrong, D., Gosling, A., Weinman, J. and Marteau, T. (1997) 'The place of inter-rater reliability in qualitative research: an empirical study', *Sociology*, 51: 597-606.

Asbury, J. (1995) 'Overview of focus group research', *Qualitative Health Research*, 5(4): 414-20.

Atkinson, P. (1997) 'Narrative turn or blind alley?', Qualitative Health Research, 7: 325-44.

Baker, R. and Hinton, R. (1999) 'Do focus groups facilitate meaningful participation in social research?', in R.S. Barbour and J. Kitzinger (eds), *Developing Focus Group Research: Politics, Theory and Practice*. London: Sage, pp. 79-98.

Banks, M. (2007) *Using Visual Data in Qualitative Research* (Book 5 of *The SAGE Qualitative Research Kit*). London: Sage. Publicado pela Artmed Editora sob o título *Dados visuais em pesquisa qualitativa*.

Barbour, R.S. (1995) 'Using focus groups in general practice research', *Family Practice*, 12(3): 328-34.

Barbour, R.S. (1998a) 'Mixing qualitative methods: quality assurance or qualitative quagmire?', *Qualitative Health Research*, 8: 352-61.

Barbour, R.S. (1998b) 'Engagement, presentation and representation in research practice' in R.S. Barbour and G. Huby (eds), *Meddling with Mythology: AIDS and the Social Construction of Knowledge*. London: Routledge, pp. 183-200.

Barbour, R.S. (1999a) 'Are focus groups an appropriate tool for analyzing organizational change?', in R.S. Barbour and J. Kitzinger (eds), *Developing Focus Group Research: Politics, Theory and Practice*. London: Sage, pp. 113-26.

Barbour, R.S. (1999b) 'The case for combining qualitative and quantitative approaches in health services research', *Journal of Health Services Research and Policy* 4(1): 39-43.

Barbour, R.S. (2001) 'Checklists for improving the rigour of qualitative research: a case of the tail wagging the dog?', *British Medical Journal*, 322: 1115-17.

Barbour, R.S. (2003) 'The newfound credibility of qualitative research? Tales of technical essentialism and co-option', *Qualitative Health Research*, 13(7): 1019-27.

Barbour, R.S., and Barbour, M. (2003) 'Evaluating and synthesizing qualitative research: the need to develop a distinctive approach', *Journal of Evaluation in Clinical Practice*, 9(2): 179-86.

Barbour, R.S., Featherstone, V.A. and Members of WoReN (2000) 'Acquiring qualitative skills for primary care research: Review and reflections on a three-stage workshop. Part 1: Using interviews to generate data', *Family Practice*, 17(1): 76-82.

Barbour, R.S. and Huby, G. (eds) (1998) *Meddling with Mythology: AIDS and the Social Construction of Knowledge*. London: Routledge.

Barbour, R.S., Stanley, N., Penhale, B. and Holden, S. (2002) 'Assessing risk: professional perspectives on work involving mental health and child care services', *Journal of Interprofessional Care*, 16(4): 323-33.

Barrett, J. and Kirk, S. (2000) 'Running focus groups with elderly and disabled elderly participants', *Applied Ergonomics*, 31(6): 621-9.

Barry, C., Britten, N., Barber, N., Bradley, C. and Stevenson, F. (1999) 'Using reflexivity to optimize team-work in qualitative research', *Qualitative Health Research*, 9: 26-44.

Basch, C.E. (1987) 'Focus group interview: An under-utilized research technique for improving theory and practice in health education', *Health Education Quarterly*, 14: 411-48.

Beck, M. and Schofield, G. (2002) 'Foster carers' perspectives on permanence: a focus group study', *Adoption and Fostering*, 26(2): 14-27.

Becker, H.S. (1998) *The Tricks of the Trade*. Chicago: University of Chicago Press.

Belam, J., Harris, G., Kernick, D., Kline, F., Lindley, K., McWatt, J., Mitchell, A. and Reinhold, D. (2005) 'A qualitative study of migraine involving patient researchers', *British Journal of General Practice*, 55: 87-93.

Berger, P. and Luckmann, T. (1966) *The Social Construction of Reality*. London: Penguin Press.

Berney, L., Kelly, M., Doyall, L., Feder, G., Griffiths, C. and Jones, I.R. (2005) 'Ethical principles and the rationing of health care: a qualitative study in general practice', *British Journal of General Practice*, 55(517): 620-5.

Beyea, S.C. and Nicoll, L.H. (2000a) 'Methods to conduct focus groups and the moderator's role', *AORN Journal*, 71(5): 1067-8.

Beyea, S.C. and Nicoll, L.H. (2000b) 'Collecting, analyzing, and interpreting focus group data', *AORN Journal*, 71(6): 1278-83.

Billig, M. (1987) *Arguing and Thinking: A Rhetorical Approach to Social Psychology*. London: Routledge.

Billig, M. (1991) *Ideology and Opinions*. London: Sage.

Black, E. and Smith, P. (1999) 'Princess Diana's meanings for women: results of a focus group study', *Journal of Sociology*, 35(3): 263-78.

Blackburn, R. and Stokes, D. (2000) 'Breaking down the barriers: using focus groups to research small and medium-sized enterprises', *International Small Business Journal*, 19(1): 44-67.

Bloor, M. (1997) 'Techniques of validation in qualitative research; a critical commentary', in G. Miller and R. Dingwall (eds), *Context and Method in Qualitative Research*. London: Sage, pp. 37-50.

Bloor, M., Frankland, J., Thomas, M. and Robson, K. (2001) *Focus Groups in Social Research*. London: Sage.

Blumer, H. (1969) *Symbolic Interactionism*. Englewood Cliffs, NJ: Prentice-Hall.

Bollard, M. (2003) 'Going to the doctor's: the findings from a focus group with people with learning disabilities', *Journal of Learning Disabilities*, 7(2): 156-64.

Bourdieu, P. (1990) *In Other Words: Essays Towards a Reflexive Sociology*. Stanford: Stanford University Press.

Bourdieu, P. (1999) *Outline of a Theory of Practice*. Cambridge: Cambridge University Press.

Bowling, A. (1997) *Measuring Health: A Review of Quality of Life Measuring Scales*. Buckingham: Open University Press.

Branco, E.I. and Kaskutas, L.A. (2001) "If it burns going down ...': How focus groups can shape fetal alcohol syndrome', *Substance Use and Misuse*, 36(3): 333-45.

Brannen, J. and Pattman, R. (2005) 'Work-family matters in the workplace: the use of focus groups in a study of a UK social services department', *Qualitative Research*, 5(4): 523-42.

Brink, P.J. and Edgecombe, N. (2003) 'What is becoming of ethnography?', *Qualitative Health Research*, 13(7): 1028-30.

Bristol, T. and Fern, E.F. (2003) 'The effects of interaction on consumers' attitudes in focus groups', *Psychology and Marketing*, 20(5): 433-54.

Brown, S. (2000) 'Men and health, with special reference to coronary heart disease', unpublished PhD thesis, University of Hull.

Burman, M.J., Batchelor, S. and Brown, J.A. (2001) 'Researching girls and violence', *British Journal of Criminology*, 41: 443-59.

Burr, V. (1995) *An Introduction to Social Constructionism*. London: Routledge.

Callaghan, G. (2005) 'Accessing habitus: relating structure and agency through focus group research', *Sociological Research Online*, 10(3), http://www.socresonline.org.uk/10/3/callaghan.html

Campbell, M.K., Meier, A., Carr, C., Enga, Z., James, A.S., Reedy, J. and Zheng, B. (2001) 'Health behaviour changes after colon cancer: a comparison of findings from face-toface and on-line focus groups', *Family and Community Health*, 24(3): 88-103.

Carey, M.A. (1995) 'The group effect in focus groups: planning, implementing and interpreting focus group research', in J.M. Morse (ed.), *Critical Issues in Qualitative Research Methods*. London: Sage, pp. 225-41.

Carey, M.S. and Smith, M.W. (1994) 'Capturing the group effect in focus groups: a special concern in analysis', *Qualitative Health Research*, 4: 123-7.

Catterall, M. and Maclaren, P. (1997) 'Focus group data and qualitative analysis programmes: coding the moving picture as well as the snapshots', *Sociological Research Online*, 2(1), http://www.socresonline.org.uk/socresonline/2/1/6.html

Cawston, P. and Barbour, R.S. (2003) 'Clients or citizens? Some considerations for primary care organizations', *British Journal of General Practice*, 53(494): 716-22.

Chiu, L.F. and Knight, D. (1999) 'How useful are focus groups for obtaining the views of minority groups?', in R.S. Barbour and J. Kitzinger (eds), *Developing Focus Group Research: Politics, Theory and Practice*. London: Sage, pp. 99-112.

Clark, A., Barbour, R.S. and MacIntyre, P.D. (2002) 'Preparing for secondary prevention of coronary heart disease: a qualitative evaluation of cardiac rehabilitation within a region of Scotland', *Journal of Advanced Nursing*, 39(6): 589-98.

Clark, A.M., Barbour, R.S. and McIntyre, P.D. (2004) 'Promoting participation in cardiac rehabilitation: an exploration of patients' choices and experiences in relation to attendance', *Journal of Advanced Nursing*, 47(1): 5-14.

Clark, A.M., Whelan, H.K, Barbour, R.S. & McIntyre, P.D. (2005) 'A realist study of the mechanisms of cardiac rehabilitation', *Journal of Advanced Nursing*, 52(4): 362-71.

Clayton, J.M., Butow, P.N., Arnold, R.M. and Tattersall, M.H. (2005) 'Discussing end-of-life issues with terminally ill cancer patients and their carers: a qualitative study', *Supportive Care in Cancer*, 13(8): 589-99.

Cleland, J. and Moffat, M. (2001) 'Focus groups may not accurately reflect current attitudes' (Letter), *British Medical Journal*, 322(7294): 1121.

Coffey, A. and Atkinson, P. (1996) *Making Sense of Qualitative Data: Complementary Research Strategies*. London: Sage.

Cohen, M.B. and Garrett, K.J. (1999) 'Breaking the rules: a group work perspective on focus group research', *British Journal of Social Work*, 29(3): 359-72.

Collins, P. (1998) 'Negotiating selves: reflections on 'unstructured' interviewing', *Sociological Research Online*, 3(3), http://www.socresonline.org.uk/3/3/2.html

Cossrow, N.H., Jeffery, R.W. and McGuire, M.T. (2001) 'Understanding weight stigmatization: a focus group study', *Journal of Nutrition Education*, 33(4): 208-14.

Côte-Arsenault, D. and Morrison-Beedy, D. (1999) 'Practical advice for planning and conducting focus groups', *Nursing Research*, 48(5): 280-3.

Cox, H., Henderson, L., Andersen, N., Cagliarini, G., and Ski, C. (2003) 'Focus group study of endometriosis: struggle, loss and the medical merry-go-round', *International Journal of Nursing Practice*, 9: 2-9.

Crabtree, B.F., Yanoshik, M.K., Miller, M.L. and O'Connor, P.J. (1993) 'Selecting individual or group interviews', in D.L. Morgan (ed.), *Successful Focus Groups: Advancing the State of the Art*. Newbury Park, CA: Sage, pp. 137-49.

Crossley, M.L. (2002) "Could you please pass one of those health leaflets along?': exploring health, morality and resistance through focus groups', *Social Science and Medicine*, 55(8): 1471-83.

Crossley, M.L. (2003) "Would you consider yourself a healthy person?': using focus groups to explore health as a moral phenomenon', *Journal of Health Psychology*, 8(5): 501-14.

Cunningham-Burley, S., Kerr, A. and Pavis, S. (1999) 'Theorizing subjects and subject matter in focus groups', in R.S. Barbour and J. Kitzinger (eds), *Developing Focus Group Research: Politics, Theory and Practice*. London: Sage, pp. 185-99.

Curtis, J.R., Wenrich, M.D., Carline, J.D., Shannon, S.E., Ambrozy, D.M. and Ramsey, P.G. (2002) 'Patients' perspectives on physician skill in end-of-life care', *Chest*, 122: 356-62.

Denzin, N.K. and Lincoln, Y.S. (eds) (1994) *Handbook of Qualitative Research*. Thousand Oaks: Sage.

Dolan, P., Cookson, R. and Ferguson, B. (1999) 'Effect of discussion and deliberation on the public's views of priority setting in health care: Focus group study', *British Medical Journal*, 318: 916-19.

Duggleby, W. (2005) 'What about focus group interaction data?', *Qualitative Health Research*, 15(6): 832-40.

Dumka, L.E., Gonzalez, N.A., Wood, J.L. and Formoso, D. (1998) 'Using qualitative methods to develop contextually relevant and preventive interventions: an illustration', *American Journal of Community Psychology*, 26(40): 605-37.

Edwards, A., Matthews, E., Pill, R. and Bloor, M. (1998) 'Communication about risk: Diversity among primary care professionals', *Family Practice*, 15(4): 296-300.

Ekstrand, M., Larsson, M., Von Essen, L. and Tyden, T. (2005) 'Swedish teenager perceptions of teenage pregnancy, abortion, sexual behaviour, and contraceptive habits: a focus group study among 17-year-old female high-school students', *Acta Obstetrica et Gynaecologica Scandinavica*, 84(10): 980-6.

Esposito, N. (2001) 'From meaning to meaning: the influence of translation techniques on non-English focus group research', *Qualitative Health Research*, 11(4): 568-79.

Evans, M., Stoddart, H., Condon, L. Freeman, E., Grizell, M. and Mullen, R. (2001) 'Parents' perspectives on the MMR immunization: A focus group study', *British Journal of General Practice*, 51: 904-10.

Fardy, H.J. and Jeffs, D. (1994) 'Focus groups: a method for developing consensus guidelines in general practice', *Family Practice*, 11(3): 325-9.

Farooqui, A., Nagra, D., Edgar, T. and Khunti, K. (2000) 'Attitudes to lifestyle risk factors for coronary heart disease amongst South Asians in Leicester: A focus group study', *Family Practice*, 17(4): 293-7.

Farquhar, C. (with Das, R.) (1999) 'Are focus groups suitable for 'sensitive' topics?', in R.S. Barbour and J. Kitzinger (eds), *Developing Focus Group Research: Politics, Theory and Practice*. London: Sage, pp. 47-63.

Festervand, T.A. (1985) 'An investigation and application of focus group research to the health care industry', *Health Marketing Quarterly*, 2: 199-209.

Finch, J. (1984) "It's great to have someone to talk to': the ethics and politics of interviewing women', in C. Bell and H. Roberts (eds), *Social Reasoning: Politics, Problems and Practice*. London: Routledge, pp. 70-87.

Flick, U. (2007a) *Designing Qualitative Research* (Book 1 of *The SAGE Qualitative Research Kit*). London: Sage. Publicado pela Artmed Editora sob o título *Desenho da pesquisa qualitativa*.

Flick, U. (2007b) *Managing Quality in Qualitative Research* (Book 8 of *The SAGE Qualitative Research Kit*). London: Sage. Publicado pela Artmed Editora sob o título *Qualidade na pesquisa qualitativa*

Fontana, A. and Frey, J.H. (1994) 'Interviewing: the art of science', in N.E. Denzin and Y.S. Lincoln (eds), *Handbook of Qualitative Research*. Thousand Oaks, CA: Sage, pp. 361-76.

Frankland, J. and Bloor, M. (1999) 'Some issues arising in the systematic analysis of focus group materials', in R.S. Barbour and J. Kitzinger (eds), *Developing Focus Group Research: Politics, Theory and Practice*. London: Sage, pp.144-55.

Franklin, K.K. and Lowry, C. (2001) 'Computer-mediated focus group sessions: naturalistic inquiry in a networked environment', *Qualitative Research*, 1(2): 169-84.

Fraser, M. and Fraser, A. (2001) 'Are people with learning disabilities able to contribute to focus groups on health promotion?', *Journal of Advanced Nursing*, 33(2): 225-33.

Freire, P. (1972) *The Pedagogy of the Oppressed*. Harmondsworth: Penguin.

Frey, J.H. and Fontana, A. (1993) 'The group interview in social research', in D.L. Morgan (ed.), *Successful Focus Groups: Advancing the State of the Art*. London: Sage, pp. 20-34.

Frith, H. (2000) 'Focusing on sex: using focus groups in sex research', *Sexualities*, 3(3): 275-97.

Fuller, T.D., Edwards, J.N., Vorakitphokatorn, S. and Sermisri, S. (1993) 'Using focus groups to adapt survey instruments to new populations: Experience from a developing country', in D.L. Morgan (ed.) *Successful Focus Groups: Advancing the State of the Art*. London: Sage, pp. 89-104.

Garrison, M.E.B., Pierce, S.H., Monroe, P.A., Sasser, D.D., Shaffer, A.C. and Blalock, L.B. (1999) 'Focus group discussions: three examples from family and consumer science research', *Family and Consumer Sciences Research Journal*, 27(4): 428-50.

George, M., Freedman, T., Norfleet, A.L., Feldman, H.I. and Apter, A.J. (2003) 'Qualitative research-enhanced understanding of patients' beliefs: Results of focus groups with lowincome, urban, African American adults with asthma', *The Journal of Allergy and Clinical Immunology*, 111(5): 967-73.

Gergen, K.J. (1973) 'Social psychology as history', *Journal of Personality and Social Psychology*, 26: 309-20.

Gibbs, G.R. (2007) *Analyzing Qualitative Data* (Book 6 of *The SAGE Qualitative Research Kit*). London: Sage. Publicado pela Artmed Editora sob o título *Análise de dados qualitativos*.

Giddens, A. (1993) *New Rules of Sociological Method*. Cambridge: Polity.

Glaser, B. and Strauss, A. (1967) *The Discovery of Grounded Theory*. Chicago: Aldine.

Gray, D., Amos, A. and Currie, C. (1997) 'Decoding the image – consumption, young people, magazines and smoking: an exploration of theoretical and methodological issues', *Health Education Research*, 12(4): 505-17.

Green, G., Barbour, R.S., Barnard, M. and Kitzinger, J. (1993) 'Who wears the trousers? Sexual harassment in research settings', *Women's Studies International Forum*, 16(6): 627-37.

Green, J. and Hart, L. (1999) 'The impact of context on data', in R.S. Barbour and J. Kitzinger (eds), *Developing Focus Group Research: Politics, Theory and Practice*. London: Sage, pp. 21-35.

Green, J.M., Draper, A.K., Dowler, E.A., Fele, G., Hagenhoff, V., Rusanen, M. and Rusanen, T. (2005) 'Public understanding of food risks in four European countries: a qualitative study', *European Journal of Public Health*, 15(5): 523-7.

Green, M.L. and Ruff, T.R. (2005) 'Why do residents fail to answer their clinical questions: a qualitative study of barriers to practising evidence-based medicine', *Academic Medicine*, 80(2): 176-82.

Grogan, S. and Richards, H. (2002) 'Body image: focus groups with boys and men', *Men and Masculinities*, 4(3): 219-32.

Groger, L., Mayberry, P.S. and Sraker, J.K. (1999) 'What we didn't learn because of who would not talk to us', *Qualitative Health Research*, 9(6): 829-35.

Guthrie, E. and Barbour, R.S. (2002) Patients' Views and Experiences of Obesity Management in One General Practice, final project report submitted to Scottish Chief Scientist's Office.

Hall, W.A. and Callery, P. (2001) 'Enhancing the rigour of grounded theory: incorporating reflexivity and relationality', *Qualitative Health Research*, 11: 257-72.

Halloran, J.P. and Grimes, D. (1995) 'Application of the focus group methodology to education program development', *Qualitative Health Research*, 5(4): 444-53.

Hamel, J. (2001) 'The focus group method and contemporary French sociology', *Journal of Sociology*, 37(4): 341-53.

Hammersley, M. (2004) 'Teaching qualitative method: Craft, profession, or bricolage?', in C. Seale, G. Gobo, J.F. Gubrium and D. Silverman (eds.) *Qualitative Research Practice*. London: Sage, pp. 549-60.

Hart, E. and Bond, M. (1995) *Action Research for Health and Social Care: A Guide to Practice*. Buckingham: Open University Press.

Harvey-Jordan, S. and Long, S. (2002) 'Focus groups for community practitioners: a practical guide', *Community Practitioner*, 75(1): 19-21.

Heary, C.M. and Hennessy, E. (2002) 'The use of focus groups interviews in pediatric health care research', *Journal of Pediatric Psychology*, 27(1): 47-57.

Hennings, J., Williams, J. and Haque, B.N. (1996) 'Exploring the health needs of Bangladeshi women: a case study in using qualitative research methods', *Health Education Journal*, 55: 11-23.

Hollis, V., Openshaw, S. and Goble, R. (2002) 'Conducting focus groups: purpose and practicalities', *British Journal of Occupational Therapy*, 65(1): 2-8.

Holloway, I. and Wheeler, S. (1996) *Qualitative Research for Nurses*. Oxford: Blackwell Science.

Hotham, E.D., Atkinson, E.R. and Gilbert, A.L. (2002) 'Focus groups with pregnant smokers: barriers to cessation, attitudes to nicotine patch use and perceptions of cessation counselling by care providers', *Drug and Alcohol Review*, 21(2): 163-8.

Hughes, D.L. and DuMont, K. (2002) 'Using focus groups to facilitate culturally anchored research', in T.A. Revenson and A.R. D'Augelli (eds), *Ecological Research to Promote Social Change: Methodological Advances from Community Psychology*. New York: Kluwer Academic/Plenum Publishers, pp. 257-89.

Hunter, K.L.M. (2001) 'Using social science to inform solid waste management decision making: a recycling survey and focus groups', *Journal of Applied Sociology*, 18(1): 112-30.

Hurd, T.L. and McIntyre, A. (1996) 'The seduction of sameness: similarity and representing the other', in S. Wilkinson and C. Kitzinger (eds), *Representing the Other*. London: Sage, pp. 78-82.

Hussey, S., Hoddinott, P., Dowell, J., Wilson, P. and Barbour, R.S. (2004) 'The sickness certification system in the UK: a qualitative study of the views of general practitioners in Scotland', *British Medical Journal*, 328: 88-92.

Hutchby, I. and Wooffitt, R. (1998) *Conversation Analysis: Principles, Practices and Applications*. Cambridge: Polity.

Hutchinson, S.A. (2001) 'The development of qualitative health research: taking stock', *Qualitative Health Research*, 11: 505-21.

Iliffe, S., De Lepeleire, J., van Hout, H., Kenny, G., Lewis, A., Vernoorj-Dassen, M. and DIADEM Group (2005) 'Understanding obstacles to the recognition of and response to dementia in different European countries: a modified focus group approach using multinational multidisciplinary expert groups', *Ageing and Mental Health*, 9(1): 1-6.

Iliffe, S. and Wilcock, J. (2005) 'The identification of barriers to the recognition of, and response to, dementia in primary care using a modified focus group approach', *Dementia*, 4(1): 73-85.

Jackson, P. (1998) 'Focus group interviews as a methodology', Nurse Researcher, 6(1): 72-84.

Jernigan, J.C., Trauth, J.M., Neal-Ferguson, D. and Cartier-Ulrich, C. (2001) 'Factors that influence cancer screening in older African American men and women: focus group findings', *Family and Community Health*, 24(3): 27-33.

Johnson, A. (1996) 'It's good to talk': the focus group and the sociological imagination', *Sociological Review*, 44(3): 517-38.

Jones, A., Pill, R. and Adams, S. (2000) 'Qualitative study of views of health professionals and patients on guided self management plans for asthma', *British Medical Journal*, 321: 1507-10.

Jones, J.B. and Neil-Urban, S. (2003) 'Father to father: focus groups of fathers of children with cancer', *Social Work in Health Care*, 37(1): 41-61.

Jonsson, I.M., Hallberg, L. R-M. and Gustafsson, I-B.(2002) 'Cultural foodways in Sweden: repeated focus group interviews with Somalian women', *International Journal of Consumer Studies*, 26(4): 328-39.

Keane, V., Stanton, B., Horton, I., Aronson, R., Galbraith, J. and Hoghart, N. (1996) 'Perceptions of vaccine efficacy, illness, and health among inner-city parents', *Clinical Pediatrics*, 32 (1): 2-7.

Kelle, U. (1997) 'Theory building in qualitative research and computer programs for the management of textual data', *Sociological Research Online*, 2, http://www.socresonline.org.uk/2/2/1.html

Kennedy, C., Kools, S. and Krueger, R.A. (2001) 'Methodological considerations in children's focus groups', *Nursing Research*, 50(3): 184-7.

Kenny, A.J. (2005) 'Interaction in cyberspace: an online focus group', *Journal of Advanced Nursing*, 49(4): 414-22.

Kevern, J. and Webb, C. (2001) 'Focus groups as a tool for critical social research in nurse education', *Nurse Education Today*, 21: 323-33.

Khan, M. and Manderson, L. (1992) 'Focus groups in tropical disease research', *Health Policy and Planning*, 7: 56-66.

Khan, M.E., Anker, M., Patel, B.C., Barge, S., Sadhwani, H. and Kohle, R. (1991) 'The use of focus groups in social and behavioural research: some methodological issues', *World Health Statistics Quarterly*, 44: 145-9.

Kidd, P.S. and Parshall, M.B. (2000) 'Getting the focus and the group enhancing analytical rigor in focus group research', *Qualitative Health Research*, 19(3): 293-308.

Kissling, F.A. (1996) 'Bleeding out loud: communication about menstruation', *Feminism and Psychology*, 6: 481-504.

Kitzinger, J. (1994) 'The methodology of focus groups: the importance of interaction between research participants', *Sociology of Health and Illness*, 16(1): 103-21.

Kitzinger, J. (1995) 'Introducing focus groups', *British Medical Journal*, 311: 299-302.

Kitzinger, J. and Barbour, R.S. (1999) 'Introduction: The challenge and promise of focus groups', in R.S. Barbour and J. Kitzinger (eds), *Developing Focus Group Research: Politics, Theory and Practice*. London: Sage, pp. 1-20.

Kitzinger, J. and Farquhar, C. (1999) 'The analytical potential of 'sensitive moments' in focus group discussions', in R.S. Barbour and J. Kitzinger (eds), *Developing Focus Group Research: Politics, Theory and Practice*. London: Sage, pp. 156-72.

Kline, C.R., Martin, D.P., and Deyo, R.A. (1998) 'Health consequences of pregnancy and childbirth as perceived by women and clinicians', *Obstetrics and Gynaecology*, 92(5): 842-48.

Koppelman, N.F. and Bourjolly, J.N. (2001) 'Conducting focus groups with women with severe psychiatric disabilities', *Psychiatric Rehabilitation Journal*, 25(2): 142-51.

Krueger, R.A. (1993) 'Quality control in focus group research', in D.L. Morgan (ed.), *Successful Focus Groups: Advancing the State of the Art*. London: Sage, pp. 65-83.

Krueger, R.A. (1994) *Focus Groups: A Practical Guide for Applied Research*. Newbury Park, CA: Sage.

Krueger, R.A. (1995) 'The future of focus groups', *Qualitative Health Research*, 5(4): 525-30.

Krueger, R.A. (1998) *Analyzing and Reporting Focus Group Results* (Focus Group Kit, Book 6). London: Sage.

Kurtz, S.P. (2005) 'Post-circuit blues: motivations and consequences of crystal meth use among gay men in Miami', *AIDS and Behavior*, 9(1): 63-72.

Kuzel, A.J. (1992) 'Sampling in qualitative inquiry', in B.F. Crabtree and W.I. Miller (eds), *Doing Qualitative Research*. Newbury Park, CA: Sage, pp. 31-44.

Kvale, S. (2007) *Doing Interviews* (Book 2 of *The SAGE Qualitative Research Kit*). London: Sage.

Lagerlund, M., Widmark, C., Lambe, M. and Tishelman, C. (2001) 'Rationales for attending or not attending mammography screening: a focus group study among women in Sweden', *European Journal of Cancer Prevention*, 10(5): 429-42.

Lam, T.P., Irwin M. and Chow, L.W. (2001) 'The use of focus group interviews in Asian medial education evaluative research', *Medical Education*, 35(5): 510.

Lester, H., Tritter, J.Q. and Sorohan, H. (2005) 'Patients' and health professionals' views on primary care for people with serious mental illness: focus group study', *British Medical Journal*, 330(7500): 1122.

Lewis, A. (1992) 'Child interviews as a research tool', *British Educational Research Journal*, 18(4): 413-20.

Lewis, A. (2001) 'A focus group study of the motivation to invest: 'ethical/green' and 'ordinary' investors compared', *Journal of Socio-Economics*, 30(4): 331-41.

Lichtenstein, B. (2005) 'Domestic violence, sexual ownership, and HIV risk in women in the American deep south', *Social Science and Medicine*, 60(4): 701-14.

Lincoln, Y.S. and Guba, E. (1985) *Naturalistic Enquiry*. Beverly Hills, CA: Sage.

Linhorst, D.M. (2002) 'A review of the use and potential of focus groups in social work research', *Qualitative Social Work*, 1(2): 208-28.

Lyon, J., Dennison, C. and Wilson, C. (2000) 'Messages from young people in custody: focus group research', *Home Office Research*, Development and Statistics Directorate, Research Findings, 127: 1-4.

Macdonald, R. and Wilson, G. (2005) 'Musical identities of professional jazz musicians: a focus group investigation', *Psychology of Music*, 33(4): 395-417.

MacDougall, C. and Fudge, E. (2001) 'Planning and recruiting the sample for focus groups and in-depth interviews', *Qualitative Health Research*, 11(1): 117-25.

McEwan, M.J., Espie, C.A., Metcalfe, J., Brodie, M. and Wilson, M.T. (2003) 'Quality of life and psychological development in adolescents with epilepsy: a qualitative investigation using focus group methods', *Seizure*, 13: 15-31.

McLeod, P.J., Meagher, T.W., Steinert, Y. and Boudreau, D. (2000) 'Using focus groups to design a valid questionnaire', *Academic Medicine*, 75: 671.

MacLeod Clark, J., Maben, J. and Jones, K. (1996) 'The use of focus group interview in nursing research: issues and challenges', *Nursing Times Research*, 1(2): 143-53.

Macnaghten, P. (2001) *Animal Futures: Public Attitudes and Sensibilities towards Animals and Biotechnology in Contemporary Britain*. London: Agriculture and Environment Biotechnology Commission.

Macnaghten, P. and Myers, G. (2004) 'Focus groups', in C. Seale, G. Gobo, J.F. Gubrium and D. Silverman (eds), *Qualitative Research Practice*. London: Sage, pp. 65-79.

Madriz, E.I. (1998) 'Using focus groups with lower socioeconomic status Latina women', *Qualitative Inquiry*, 4(1): 114-28.

Marcenko, M.O. and Samost, L. (1999) 'Living with HIV/AIDS: The voices of HIV-positive mothers', *Social Work*, 44(1): 36-45.

Mason, J. (1996) *Qualitative Researching*. London: Sage.

Matoesian, G.M. and Coldren, J.R. (2002) 'Language and bodily conduct in focus group evaluations of legal policy', *Discourse and Society*, 13(4): 469-93.

Mauthner, M. (1997) 'Methodological aspects of collecting data from children: lessons from three research projects', *Children and Society*, 11: 16-28.

Mauthner, N.S., Parry, O. and Backett-Milburn, K. (1998) 'The data are out there, or are they? Implications for archiving and revising qualitative data', *Sociology*, 32: 733-45.

Mays, N. and Pope, C. (1995) 'Rigour and qualitative research', *British Medical Journal*, 311: 109-12.

Melia, K.M. (1997) 'Producing 'plausible stories': interviewing student nurses', in G. Miller and R. Dingwall (eds), *Context and Method in Qualitative Research*. London: Sage, pp. 26-36.

Merton, R.K. (1987) 'The focused interview and focus groups', *Public Opinion Quarterly*, 51: 550-66.

Merton, R.K. and Kendall, P.L. (1946) 'The focused interview', *American Journal of Sociology*, 51: 541-57.

Michell, L. (1999) 'Combining focus groups and interviews: telling it like it is; telling how it feels', in R.S. Barbour and J. Kitzinger (eds), *Developing Focus Group Research: Politics, Theory and Practice*. London: Sage, pp. 36-46.

Miller, G. (1997) 'Introduction: Context and method in qualitative research', in G. Miller and R. Dingwall (eds), *Context and Method in Qualitative Research*. London: Sage, pp. 1-11.

Mitofsky, W. (1996) 'Focus groups: uses, abuses and misuses', *Harvard International Journal of Press/Politics*, 1(2): 111-15.

Morgan, D.L. (1988) *Focus Groups as Qualitative Research*. London: Sage.

Morgan, D.L. (1993) 'Future directions in focus group research', in D.L. Morgan (ed.), *Successful Focus Groups: Advancing the State of the Art*. London: Sage, pp. 225-44.

Morgan, D.L. (1998) *The Focus Group Guidebook* (Focus Group Kit, Book 1). Thousand Oaks, CA: Sage.

Morgan, D.L. and Krueger, R.A. (1993) 'When to use focus groups and why', in D.L. Morgan (ed.), *Successful Focus Groups: Advancing the State of the Art*. London: Sage, pp. 1-19.

Powney, J. (1988) 'Structured eavesdropping', *Research Intelligence* (Journal of the British Educational Research Foundation), 28: 10-12.

Prince, M. and Davies, M. (2001) 'Moderator teams: an extension to focus group methodology', *Qualitative Market Research: An International Journal*, 4(4): 207-16.

Puchta, C. and Potter, J. (1999) 'Asking elaborate questions: focus groups and the management of spontaneity', *Journal of Sociolinguistics*, 3(3): 314-35.

Puchta, C. and Potter, J. (2002) 'Manufacturing individual opinions: market research focus groups and the discursive psychology of evaluation', *British Journal of Social Psychology*, 41(3): 345-63.

Puchta, C. and Potter, J. (2004) *Focus Group Practice*. London: Sage.

Quine, S. and Cameron, I. (1995) 'The use of focus groups with the disabled elderly', *Qualitative Health Research*, 5(4): 454-62.

Rapley, T. (2007) *Doing Conversation, Discourse and Document Analysis* (Book 7 of *The SAGE Qualitative Research Kit*). London: Sage.

Raynes, N.V., Leach, J.M., Rawlings, B. and Bryson, R.J. (2000) 'Using focus groups to seek the views of patients dying from cancer about the care they receive', *Health Expectations*, 3(3): 169-75.

Regan, S. (2003) 'The use of teleconferencing focus groups with families involved in organ donation: dealing with sensitive issues', in J. Lindsay and D. Turcotte (eds), *Crossing Boundaries and Developing Alliances Through Groupwork*. New York: Haworth Press, pp. 115-31.

Ritchie, J. and Spencer, L. (1994) 'Qualitative data analysis for applied policy research', in A. Bryman and R.G. Burgess (eds), *Analyzing Qualitative Data*. London: Routledge, pp. 173-94.

Robson, K. and Robson, M. (1999) "Your place or mine?': Ethics, the researcher and the internet', in T. Wellance and L. Pugsley (eds), *Ethical Dilemmas in Qualitative Research*. Aldershot: Ashgate, pp. 94-107.

Rosenfeld, S.L., Fox, D.J., Keenan, P.M., Melchiono, M.W., Samples, C.L. and Woods, E.R. (1996) 'Primary care experiences and preferences of urban youth', *Journal of Pediatric Health Care*, 10: 151-60.

Royster, M.O., Richmond, A.I., Eng, E. and Margolis, L. (2000) "Hey brother, how's your health?': A focus group analysis of the health and health-related concerns of African American men in a southern city in the United States', *Men and Masculinities*, 8(4): 389-404.

Rubin, R. (2004) 'Men talking about Viagra: an exploratory study with focus groups', *Men and Masculinities*, 7(1): 222-30.

Ruppenthal, L., Tuck, J. and Gagnon, A.J. (2005) 'Enhancing research with migrant women through focus groups', *Western Journal of Nursing Research*, 27(6): 735-54.

Scannell, A.U. (2003) 'Focus groups help congregation improve its new member ministry', *Review of Religious Research*, 45(1): 68-77.

Schneider, S.J., Kerwin, J., Frechtling, J. and Vivari, B.A. (2002) 'Characteristics of the discussion in online and face-to-face focus groups', *Social Science Computer Review*, 20(1): 31-42.

Seale, C. (1999) *The Quality of Qualitative Research*. London: Sage.

Seymour, J., Bellamy, G., Gott, M., Ahmedzai, S.H. and Clark, D. (2002) 'Using focus groups to explore older people's attitudes to end of life care', *Ageing and Society*, 22(4): 517-26.

Silverman, D. (1992) 'Applying the qualitative method to clinical care', in J. Daly, I. McDonald and E. Willis (eds), *Researching Health Care: Designs, Dilemmas, Disciplines*. London: Routledge, pp. 176-88.

Silverman, D. (1993) *Interpreting Qualitative Data: Methods of Analyzing Talk, Text and Interaction*. London: Sage.

Sim, J. (1998) 'Collecting and analyzing qualitative data: issues raised by the focus group', *Journal of Advanced Nursing*, 28(2): 345-52.

Smith, M. (1995) 'Ethics in focus groups: a few concerns', *Qualitative Health Research*, 5(4): 478-86.

Smithson, J. (2000) 'Using and analyzing focus groups: limitations and possibilities', *International Journal of Social Research Methodology*, 3(2): 103-19.

Sparks, R., Girling, E. and Smith, M.V. (2002) 'Lessons from history: pasts, presents and future of punishment in children's talk', *Children and Society*, 16: 116-30.

Stanley, N., Penhale, B., Riordan, D., Barbour, R.S. and Holden, S. (2003) *Child Protection and Mental Health Services*. Bristol: Policy Press.

Stevens, P. (1996) 'Focus groups: collecting aggregate-level data to understand community health phenomena', *Public Health Nursing*, 13: 170-6.

Stewart, K. and Williams, M. (2005) 'Researching online populations: the use of online focus groups for social research', *Qualitative Research*, 5(4): 395-416.

Strickland, C.J. (1999) 'Conducting focus groups cross-culturally: experiences with Pacific Northwest Indian people', *Public Health Nursing*, 16(3): 190-7.

Sweet, C. (2001) 'Designing and conducting virtual groups', *Qualitative Market Research: An International Journal*, 4(3): 130-5.

Tang, C.S.K., Wong, D., Cheung, F.M.C. and Lee, A. (2000) 'Exploring how Chinese define violence against women: a focus group study in Hong Kong', *Women's Studies International Forum*, 23(2): 197-209.

ten Have, P. (1999) *Doing Conversation Analysis*. London: Sage.

Thomas, A.G., and Miller, V. (1997) *Quality of Life in Childhood Inflammatory Bowel Disease*. For the European Collective Research Group on Paediatric Inflammatory Bowel Disease.

Thomas, V.J. and Taylor, L.M. (2002) 'The psychosocial experience of people with sickle cell disease and its impact on quality of life: qualitative findings from focus groups', *British Journal of Health Psychology*, 7(3): 345-63.

Thompson, T., Barbour, R.S. and Schwartz, L. (2003a) 'Advance directives in critical care decision making: a vignette study', *British Medical Journal*, 327: 1011-15.

Thompson, T., Barbour, R.S. and Schwartz, L. (2003b) 'Health professionals' views on advance directives – a qualitative interdisciplinary study', *Palliative Medicine*, 17: 403-9.

Touraine, A. (1981) *The Voice and the Eye: An Analysis of Social Movements*. Cambridge: Cambridge University Press.

Traulsen, J.M., Almarsdóttir, A.B. and Björnsdóttir, I. (2004) 'Interviewing the moderator: an ancillary method to focus groups', *Qualitative Health Research*, 14(5): 714-25.

Twinn, S. (1998) 'An analysis of the effectiveness of focus groups as a method of qualitative data collection with Chinese populations in nursing research', *Journal of Advanced Nursing*, 28(3): 654-61.

Twohig, P.L. and Putnam, W. (2002) 'Group interviews in primary care research: advancing the state of the art or ritualized research?', *Family Practice*, 19(3): 278-84.

Umaña-Taylor, A.J. and Bámaca, M.Y. (2004) 'Conducting focus groups with Latino populations: lessons from the field', *Family Relations*, 53(3): 261-72.

Underhill, C. and Olmsted, M.G. (2003) 'An experimental comparison of computer-mediated and face-to-face focus groups', *Social Science Computer Review*, 21(4): 506-12.

Valdez, A. and Kaplan, C.D. (1999) 'Reducing selection bias in the use of focus groups to investigate hidden populations: the case of Mexican-American gang members from South Texas', *Drugs and Society*, 14(1/2): 209-24.

Vincent, D., Clark, L., Zimmer, L.M. and Sanchez, J. (2006) 'Using focus groups to develop a culturally competent diabetes self-management program for Mexican Americans', *The Diabetes Educator*, 32(1): 89-97.

Wacherbarth, S.B., Streams, M.E. and Smith, M.K. (2002) 'Capturing the insights of family caregivers: survey item generation with a couples interview/focus group process', *Qualitative Health Research*, 12(8): 1141-54.

Warr, D.J. (2005) "It was fun ... but we don't usually talk about these things': analyzing sociable interaction in focus groups", *Qualitative Inquiry*, 11(2): 200-25.

Waterton, C. and Wynne, B. (1999) 'Can focus groups access community views?', in R.S. Barbour and J. Kitzinger (eds), *Developing Focus Group Research: Politics, Theory and Practice*. London: Sage, pp. 127-43.

Weinger, K., O'Donnell, K.A. and Ritholz, M. (2001) 'Adolescent views of diabetes-related parent conflict and support: a focus group analysis', *Journal of Adolescent Health*, 29: 330-6.

Wilcher, R.A., Gilbert, L.K., Siano, C.S., Arredondo, E.M. (2002) 'From focus groups to workshops: developing a culturally appropriate cervical cancer prevention intervention for rural Latinas, in M.I. Torres and G.P. Cernada (eds) *Sexual and Reproductive Health Promotion in Latino Populations: Parteras, Promotoras y Poetas: Case Studies Across the Americas*. Amityville NY: Baywood Publishinging pp. 81-100.

Wilkinson, S. (1998) 'Focus group methodology: a review', *International Journal of Social Research Methodology*, 1(3): 181-203.

Wilkinson, S. (1999) 'How useful are focus groups in feminist research?', in R.S. Barbour and J. Kitzinger (eds), *Developing Focus Group Research: Politics, Theory and Practice*. London: Sage, pp. 64-78.

Wilkinson, S. (2003) 'Focus groups', in J.A. Smith (ed.), *Qualitative Psychology: A Practical Guide to Research Methods*. Thousand Oaks, CA: Sage, pp. 184-204.

Wilkinson, S. and Kitzinger, C. (2000) "Clinton faces nation': a case study in the construction of focus group data as public opinion", *Sociological Review*, 48(3): 408-24.

Wilmot, S. and Ratcliffe, J. (2002) 'Principles of distributive justice used by members of the general public in the allocation of donor liver grafts for transplantation: a qualitative study', *Health Expectations*, 5: 199-209.

Wilson, V. (1997) 'Focus groups: a useful qualitative method for educational research?, *British Educational Research Journal*, 23(2): 209-24.

Wodak, R., de Cillia, R., Reisigl, M. and Liebhart, K. (1999) *The Discursive Construction of National Identity*. Edinburgh: Edinburgh University Press.

Wolff, B., Knodel, J. and Sittitrai, W. (1993) 'Focus groups and surveys as complementary research methods: a case example', in D.L. Morgan (ed.) *Successful Focus Groups: Advancing the State of the Art*, Newbury, CA: Sage, pp. 89-104.

Yelland, J. and Gifford, S.M. (1995) 'Problems of focus group methods in cross-cultural research: a case study of beliefs about sudden infant death syndrome', *Australian Journal of Public Health*, 19(3): 257-62.

ÍNDICE

A

abordagem de métodos mistos 38-39, 70-73
abordagem positivista 56-58
agência 63-65
amostragem 29-31, 45-46, 64-65, 85-102
   aleatória 88-90
   de segundo estágio (subamostragem) 55-56, 93-95, 101-102
   estratégica 64-65, 89-90
   proposital 86-87, 89-92, 101-102
   teórica 86-87, 101-102
análise da conversação 30-31, 62-65, 108-109, 161-162
antropologia 61-63
apresentação de descobertas de pesquisa 185-187
autenticidade 23-24, 72-73, 186-187

B

Bámaca, M.Y. 56-57, 78-79, 86-87, 114-115, 131-133
bancas de especialistas 26
bares como locais para grupos focais 75-76
Barrett, J. 80-81, 128-129
Black, E. 46-47, 184-185
Bloor, M. 32-34, 48-50, 61-62, 75-76, 96-97, 111-112, 158-159, 188-189, 191-192
Burman, M.J. 77-78, 118-119, 124-125, 127-128, 176, 178

C

Callaghan, G. 64-65, 89-90, 138, 140-141, 187-188
cartoons, uso de 114-115
cenários para pesquisa 75-77, 83-84, 104-105
códigos, *a priori* e *in-vivo* 154-156, 162-163
coleta de dados através de grupos focais 44, 191-192
conferência por telefone 188-189
confidencialidade 96-97, 110-112
conjunto de dados paralelos 72-74
construção de significado 62-63
construcionismo social 63-65
Crabtree, B.F. 44-46, 50-51, 69-70
Crossley, M.L. 96-97, 114-115, 185-187
custos de pesquisa 45-46, 187-188

D

desavença e debate em grupos 111-112, 136-138, 140-141, 166-167, 169-170, 174-176
desenho de pesquisa de levantamento 38-39
desenho de questionário 38-40
desenvolvimento comunitários 26-28, 30-31
desenvolvimento profissional continuado (cpd) 82-84
Diana, Princesa de Gales 28-29, 46-47, 184-185
dinâmica de grupo 170-173, 178-180

E

Enfield, H. 154-155
entrevistas de grupo 24-25, 136-138
entrevistas um a um
   combinadas com grupos focais 70-74, 185-186
   como uma alternativa aos grupos focais 41-43, 68-70, 82-83, 111-112, 126-129
epistemologia 53-54, 60-61
equipamento de gravação 105-107
esclarecimentos finais 126-128, 133-134
Escola de Chicago de sociólogos 28-29, 62-63
etnografia 61-63
explorações 119-120

F

facilitadores *ver* moderadores
fenomenologia 62-63, 132-133
Fontana, A. 111-112, 136-138
fortalecimento 23-24, 26, 30-33, 62-63
Frey, J.H. 111-112, 136-138
Fundação Nuffield 26

G

geração de dados 135-147, 150-151
Gifford, S.M. 79-80, 129-130
gravação em vídeo 105-107
Gray, D. 77-78, 110-111, 114-115, 118-119
grupos coringa 93-95, 187-188
grupos de gênero misto 169-171
grupos de profissão mista 97-98
grupos Delphi 26-28
grupos focais
   assuntos inadequados para 40-43, 191-192
   assuntos tratados nos 24-34, 38-40
   composição, número e tamanho de 87-89, 101-102
   definição de 20-22
   história do 24-25, 53-54
   problemas com 44, 60-61, 111-113
   prós do 46-47, 55-58, 61-65, 97-98, 119-120, 128-129, 135-136, 142-143, 162-163, 186-188
grupos focais *on-line* 188-190
grupos focais virtuais 188-192
grupos marginalizados 42-44, 127-128
grupos nominais 26, 54-55
grupos preexistentes usados como 94-98
guias de tópico (roteiros) 112-115, 131-133, 144, 162-163

H

habilidades de audição 144
habitus 64-65, 187-188
humor, papel do 114-115
Humphreys, B. 107-108

I

identificação de padrão 167-170, 178-180, 184-185
"informates-chave" 79-81, 83-84
Instituto Tavistock 24-25
interação no grupo 54-56, 62-65, 166-168, 178-179
interacionismo simbólico 28-29, 62-64
interpretação palavra por palavra 108-109, 132-133
intervenções 113-114

K

Kevern, J. 45-46, 107-108
Kidd, P.S. 53-54, 61-62
Kirk, S. 80-81, 128-130
Kitzinger, J. 20-21, 108-109, 166-167, 191-192
Krueger, R.A. 38-39, 41-43, 45-46, 97-98, 142-144

L

lanches, fornecimento de 104-105
linguagem, escolha de 131-133

M

Macnaughten, P. 30-31, 55-56, 87-88, 75-76
material de estímulo 114-122, 146-147
McEwan, M.J. 71-72, 184-185
medidas de qualidade de vida 70-72
método comparativo 145-147, 167-168, 178-179, 191-193
metodologia de pesquisa qualitativa 54-55, 57-65, 70-71, 73-74, 127-128, 151-152, 161-163, 167-168, 184-187
metodologias de pesquisa complementares 73-74